河南财经政法大学统计与大数据学院论丛

本书的出版得到了河南省高等学校人文社会科学重点研究基地"河南教育统计研究中心"、刘定平教授"中原千人计划"专项、河南省高等学校重点科研项目"余稀疏信号重构的混合变分不等式方法研究"（编号20A110014）、河南省高等学校重点科研项目"输入饱和约束下的多智能体系统量化迭代学习控制"（编号20A120004）和全国统计科学研究项目"低秩稀疏大数据信息分析方法及应用"（编号2018LZ23）的资助

矩阵低秩稀疏分解
方法与应用研究

Research on the Method and Application of Sparse and Low-rank Decomposition of Matrix

刘子胜 著

U0255090

经济管理出版社
ECONOMY & MANAGEMENT PUBLISHING HOUSE

图书在版编目（CIP）数据

矩阵低秩稀疏分解方法与应用研究/刘子胜著. —北京：经济管理出版社，
2021. 1

ISBN 978-7-5096-7707-0

Ⅰ.①矩… Ⅱ.①刘… Ⅲ.①数据处理 Ⅳ.①TP274

中国版本图书馆 CIP 数据核字（2021）第 022000 号

组稿编辑：杨　雪
责任编辑：杨　雪　张玉珠
责任印制：黄章平
责任校对：王淑卿
出版发行：经济管理出版社
　　　　　（北京市海淀区北蜂窝 8 号中雅大厦 A 座 11 层　100038）
网　　　址：www. E-mp. com. cn
电　　　话：（010）51915602
印　　　刷：唐山昊达印刷有限公司
经　　　销：新华书店
开　　　本：710mm×1000mm /16
印　　　张：9. 75
字　　　数：155 千字
版　　　次：2021 年 5 月第 1 版　　2021 年 5 月第 1 次印刷
书　　　号：ISBN 978-7-5096-7707-0
定　　　价：56. 00 元

前　言

随着大数据时代的到来，稀疏性成为研究大数据的重要手段。计算机和信息技术的普及与应用，特别是互联网技术、通信技术、数字技术和云计算等行业应用规模的极速扩大，各行业所产生的数据量也呈现出爆炸性增长，这些现象时刻都会产生大量的、多样化的、结构复杂的、冗余的、高维的海量数据。这些数据中蕴含着具有价值的信息，但却无法通过常规手段直接观察到。因此，大规模数据分析便成为现代科学技术与工程应用等领域内处理大数据科学问题的关键课题之一。

我们知道，从信号采样的角度出发，压缩感知有效地揭示了信号的本质特征，根据信号的可压缩性，压缩感知又被称为稀疏表示，并且稀疏表示理论及模型已经成功地被应用于信号及图像处理领域。稀疏表示的思想是用尽可能简洁的方式表示信号，即大部分原子系数为零，只有很少的非零大系数。由于大的非零系数揭示了信号或图像的内在结构与本质属性，因此，信号或图像的稀疏表示能够有效地提取其本质特征，从而有利于后续的信号或图像的可压缩处理。

与压缩感知紧密相连的另一个问题是矩阵的低秩稀疏分解问题。从本质上讲，矩阵低秩稀疏分解是压缩感知的延拓和推广。在大数据时代，很多数据的主要成分隐藏在低维空间中，而这些主要成分往往会受到稀疏噪声的干扰，因此，研究矩阵低秩稀疏分解问题是非常有意义的。本书主要对矩阵低秩稀疏分解的方法与应用问题进行了深入和系统的研究，取得的主要研究成果包括：

第一，在酉不变范数意义下，本书研究了矩阵低秩逼近的扰动理论。

假设矩阵 A 为观测数据矩阵 D 的一个低秩逼近，E 为扰动矩阵，本书根据著名的矩阵广义逆分解（$D^{\dagger} - A^{\dagger}$），利用矩阵的相关投影性质，分别给出了不同情况下矩阵低秩逼近（$D - A$）的误差下界。当扰动项 E 为稀疏矩阵时，本书通过实验验证了所给的理论结果。

第二，本书基于受限等距离性质（RIP），给出了理想情况下稀疏矩阵精确重构的充分条件；对于噪声环境下矩阵的稀疏逼近问题，本书分析了矩阵稀疏逼近的鲁棒性，给出了逼近误差上界，并通过数值实验验证了本书结论的正确性。

第三，本书考虑矩阵低秩稀疏分解的鲁棒主成分分析模型（RPCA），并根据线性约束凸优化问题的可分离性，提出了不同于其他方法的可分离替代函数法（SSF）。基于此方法，本书设计了两种迭代格式：临近点迭代阈值（PPIT）算法和基于非精确增广拉格朗日乘子法（IALM）的 SSF-IALM 算法，并从理论上给出了算法的收敛性分析。本书对构造的随机数据和太空图像矩阵以及标准灰度图像矩阵进行了测试，实验模拟表明了所提算法的可行性和有效性。

第四，由于 SVD 分解比较耗时，因此本书利用矩阵的满秩分解性质来刻画矩阵的低秩属性，提出了矩阵的稀疏低秩因子分解模型（SLRF），并通过理论证明了这两个模型的等价性。基于 SLRF 模型，本书设计了两种求解矩阵稀疏低秩分解的算法：惩罚函数法（PFM）和增广拉格朗日乘子法（ALMM）。理论上，本书给出了算法的收敛性分析；随机数据实验结果表明矩阵稀疏低秩因子分解模型（SLRF）优于基于鲁棒主成分分析模型（RPCA）。将所提的方法应用于机场大厅视频监督的背景建模之中，实验结果表明本书的方法可以有效地将视频中不动的背景（低秩部分）和移动的前景（稀疏部分）分离出来。

由于作者水平有限，加之编写时间仓促，所以书中错误和不足之处在所难免，恳请广大读者批评指正。

刘子胜

2020 年 8 月 15 日

目 录

第五章　稀疏低秩矩阵因子分解模型　/97

第六章　结论与展望　/118

参考文献　/131

绪　论

第一节　引　言

随着大数据时代的来临，对大数据的处理和分析在如今信息爆炸的年代占据着十分重要的地位。例如，图像和计算机视觉（Tomasi & Kanade，1992；Chen & Suter，2004）、生物科学、背景建模和人脸识别（Wright et al.，2009）、潜在语义检索（Deerwester et al.，1990；Papadimitriou et al.，2000）、机器学习（Argyriou et al.，2007；Abernethy et al.，2006；Amit et al.，2007）和控制（Mesbahi & Papavassilopulos，1997）等相关领域经常会遇到高维数据处理等问题。对于数据信息来讲，一些丰富的信息会隐藏在高维数据中，要想把这些信息从冗余的数据中提取出来，不仅需要增加对算法和理论的研究，而且在实际应用中，当需要采集的信息数据量越大，或者数据维数越高的时候，这些都会对数据的采集和处理带来诸多困难。例如，采集的信号是三维或者四维（三维空间再加上时间维度或者频谱、光照等维度）时，往往是比较难处理的。但是，随着数据维数的升高，数据之间会存在诸多的冗余性和相关性。例如，对于图像，其各个像素间存在着很大的相关性，这种相关性表现在图像的某一变换域下其变换系数是稀疏的，而图像在这种意义下是可压缩的。因此研究图像的这一性质，对于数据的采集、表达和重构是很有意义的。

采集到的数据除了高维这一问题外，还存在另一个更具有挑战性的问题，即这些采集到的数据可能是缺损的、带有噪声的或者是含有丢失元素的。对于这种现象，在大数据处理中会带来更大的困难。例如，在人脸识别中（Wright et al.，2009），由于设备原因造成的图像含有阴影、高光、受遮挡或者变形等问题。那么如何高效地从这些含有丢失或者受干扰的数据中提取或者重构出原始图像，对现代高维数据处理和分析有着至关重要的意义。

对于高维数据处理的问题，学者们研究出了很多相关的理论和算法。其中压缩感知、稀疏表示和低秩矩阵处理等方法在高维数据有效信息提取中起到了关键的作用。尽管它们针对的问题模型不同，但本质上却有着紧密的联系。因为在问题的处理过程中，通常选择的方法是凸优化方法，不过在稀疏表示和矩阵秩最小化问题中的目标函数是 NP（Non-deterministic Polynomial）问题（Natarajan，1995；Recht et al.，2010）。但是如果所给的假设条件是合理的，利用目标函数的凸松弛技术或者替代函数法对 NP 问题进行转化，存在理论保证仍能够给出原问题的最优解。对于压缩感知的一种延伸，低秩矩阵逼近问题同样可以通过凸松弛技术来实现对 NP 问题的转化。下面本书从压缩感知问题出发，进而引入本书所做的工作。

第二节　压缩感知

众所周知，随着现代技术发展，设备获取的数据越来越多，越来越庞大，而大多数数据"都可以被丢弃"，即使将大多数数据"丢弃"掉，也几乎感觉不到数据的丢失。因此，有些音频数据、图像和专业技术数据可以实现有损压缩。而这些无处不在的可压缩性现象引起了一个很自然的问题：我们花费这么多精力来获取的庞大数据集，为什么还要丢弃掉大部分数据？我们能否直接测量出这些最终将要保留的部分数据？

在 *Compressed Sensing* 这篇论文中，Donoho 和 Starck（1989）设计了一项压缩数据采集协议，该协议的执行方式可以直接获取有关信号、图像的重要信息，并不是通过有损压缩来获取重要信息。而且，这些协议是非自适应和可并行化的。除了不需要知道数据是可压缩的先验知识外，它们不需要预先获取信号/图像的知识，也不需要尝试对基础对象进行任何"了解"来指导主动或自适应的传感策略。在压缩传感协议中进行的测量是全息的，因此不是简单的像素样本，必须进行非线性处理。在特定的应用中，该原理会大量减少测量时间，降低采样率。这项技术就是由 Candes 等（2006）和 Donoho（2006）提出的开创性思想——压缩感知。

这种方法迄今为止被应用数学家、计算机科学家和工程师们广泛地用于天文学、生物学、医学、雷达和地震学中，并且已有上千篇文章对其理论算法进行了深入的探讨和研究。例如，在信号领域中，压缩感知的关键思想是通过凸优化方法从非常少的非自适应线性测量中重构稀疏信号。从维数上来讲，压缩感知又可以通过降维的方式从高维向量中精确重构稀疏向量。从另一个角度来看，我们可以将该问题视为从过完备系统中重构稀疏系数向量的一种策略。在理论方面，压缩感知的理论基础常被用于诸如谐波分析、框架理论、几何泛函分析、数值线性代数、优化理论和随机矩阵理论等各种相关领域。

实际上，稀疏信号重构的发展和研究可以追溯到 20 世纪 90 年代的早期论文（Donoho & Starck，1989），后来 Donoho 和 Huo（2001）与 Donoho 和 Elad（2003）对此研究做出了领航性的贡献。当这两篇文章公开后，由于可以从非自适应度量中重构稀疏信号，因此压缩感知这一术语被广泛应用于随机感知矩阵问题中。另外，根据信号的可压缩性，压缩感知通常又被称为稀疏表示（Sparse Representation）或稀疏逼近（Sparse Approximation）。Elad（2010）的专著对信号的稀疏表示和冗余理论做了系统的研究和总结，并且对求解稀疏优化模型的算法和应用做了大量的实验。下面本书首先对稀疏表示进行描述。

第三节　稀疏表示

数据模型是信号和图像处理的核心内容，是求解逆问题（Inverse Problems）的基础，如压缩、检测、分离、采样等。那么这些模型具体是什么呢？我们知道，相关模型的提出必须具备某一数学属性，因此，仔细选择模型可以使得信号处理变得高度有效，且能被成功地应用于相关工程领域。多年来，对于信号和图像处理，已经提出并使用了一系列的模型，很好地展示了处理问题的想法以及所改进模型的演变。过去十年，一种描述信号的模型是稀疏和冗余表示模型（Elad，2010；Bruckstein et al.，2009；Mallat，2008；Starck et al.，2010），下面对此模型的演变进行简要描述。

一、欠定线性系统

经典线性代数的主要成就是对线性方程组求解问题的全面研究。由于方程式的线性系统是许多工程开发和解决方案的核心问题，因此许多此类知识已在实践中得到了成功应用。更令人惊讶的是，在这个广为人知的领域内，存在一个与线性系统的稀疏解有关的基本问题，直到最近人们才对其进行深入研究。

考虑一个扁形矩阵 $M \in \mathbb{R}^{n \times m}$，其中 $n < m$，并定义方程 $Mx = b$ 的 n 个不确定的线性系统。从 $n < m$ 中可以看出，该系统比方程拥有更多的未知数，因此，如果 b 不在矩阵 M 的列范围内，则它要么无解，要么有很多解。为了避免没有解的情况异常，我们假设 M 为一个满秩矩阵，这意味着它的列跨越整个空间 $\mathbb{R}^n$。

在工程中，我们经常遇到这样的问题，即方程组的欠定线性系统，比如，以图像处理为例，我们考虑图像的放大问题，其中未知图像会进行模糊和缩小操作，并且给出的结果是质量较低、图像较小。而矩阵 M 代表退化操作，我们的目标是从给定的测量值 b 重建原始图像 x。显然，x 有无限种，也就是说，重构的图像有无限种可能，但是总会有一种图像 x 看起来会比其他的好。那么我们如何找到这个合适的 x ？

二、正则化处理

在上面的问题中，以及在其他许多类似且具有相同表达式的问题中，我们都希望有一个单一的解决方案。为了将 x 的选择范围缩小到一个相对明确的范围内，一般需要附加一些条件或者标准。而执行此操作的一种常见方法是正则化，即引入了一个正则函数 $J(x)$，通过对 $J(x)$ 的约束可以解出相对最优的未知量 x。定义一般的优化问题 (P_J)：

(P_J)：$\min_x J(x)$　s. t. $Ax = b$

因此，根据上述优化问题，结合图像放大的例子，通常 $J(x)$ 选为 $\|x\|_2^2$，也就是欧几里得范数，这样，目标函数变得既凸又光滑，保证了最小范数解的唯一性。根据拉格朗日乘子法，我们定义拉格朗日函数为：

$$L(x) = \|x\|_2^2 + \lambda^T(Ax - b)$$

其中，λ 为拉格朗日乘子，对函数 $L(x)$ 关于 x 求导得：

$$\frac{\partial L(x)}{\partial x} = 2x + A^T\lambda$$

因此我们得出最优解为：

$$x_{opt} = -\frac{1}{2}A^T\lambda$$

将此结果代入约束项 $Ax = b$，我们得出：

$$Ax_{opt} = -\frac{1}{2}AA^T\lambda = b, \Rightarrow \lambda = -2(AA^T)^{-1}b$$

因此，我们得出：

$$x_{opt} = -\frac{1}{2}A^T\lambda = A(AA^T)^{-1}b = A^\dagger b$$

其中，$A^{\dagger} = A^{T}(AA^{T})^{-1}$ 为矩阵 A 的广义逆。

ℓ_2-范数（即向量 x 中所有元素的平方和）的使用广泛应用于各种工程领域，这主要是由于上述封闭的形式和独特的解决方案所表明的简单性。在信号和图像处理中，经常针对各种反问题选择合适的正则项。虽然 ℓ_2-范数最小化问题已经表现的很优秀了，但这不能说明 ℓ_2-范数正则化是解决各种问题的最佳选择。在许多情况下，ℓ_2-范数的数学简单性是一个令人误解的事实，使工程师无法对 $J(\cdot)$ 做出更好的选择。确实，在图像处理中，经过几十年的努力，最终意识到该解决方案存在于基于 $J(\cdot)$ 的不同稳健统计选择中。比如，ℓ_1-范数（即向量 x 的 ℓ_1-范数，表示 x 中所有元素的绝对值的和）最小化问题。

三、ℓ_1-范数最小化问题

由于 $\nabla^2 \| x \|_2^2 = 2I \geqslant 0$，因此对于所有 x，Hessian 都是严格正定的，根据 Hessian 矩阵的正定性的定义可以证明 ℓ_2-范数是严格凸的，现在回到方程 $L(x)$ 中提出的问题，由于约束集是凸的并且惩罚是严格的，所以保证了解的唯一性。对于函数的凸性，很容易证明线性系统解的全局收敛性问题。这一性质，使得 ℓ_2-范数最小化问题在工程领域得到了广泛的应用，尤其是在信号和图像处理的反问题中的应用，但这也并非说非凸问题就没了研究价值。

比如，我们选择 $J(x) = \| x \|_1$，根据凸集合的定义很容易推出 ℓ_1-范数是凸的而非严格凸的，因为如果假设 x_1 和 x_2 在同一象限，令 $x = tx_1 + (1-t)x_2$（$\forall t \in [0, 1]$），因此它们的凸组合 $J(tx_1 + (1-t)x_2) \leqslant tJ(x_1) + (1-t)J(x_2)$。因此，对于问题 (P_1)：$\min_x \| x \|_1$ s.t. $Ax = b$ 可能存在多个解。然而，即使这个问题有无限多的解，我们仍然可以声明：①这些解集中于一个有界限的凸性集合中；②在这些解中，存在至少一个、至多 n 个非零解（这个数量是有限制的）。

从上面分析中我们看到，ℓ_1-范数更加倾向于稀疏解，而且这也是大家

熟知的线性规划的性质，也即 ℓ_1-范数的稀疏性质。然而，就像我们后面介绍的，科学家们希望找到具有更加稀疏特性的解，而且对于我们来说，n 个非零解还是太多了，这促使我们继续寻找欠定线性系统的稀疏解。

四、从（P_1）问题到线性规划的转化

其实从（P_1）问题到线性规划的转化是一个很自然的过程，假设在（P_1）问题中，我们令 $x = u - v$，其中 $u, v \in \mathbb{R}^n$ 都是非负向量，因此得出 u 为 x 中的所有非负元素，其余为零，v 对 x 的作用与 u 相同。通过这样的转换，我们再令 $z = [u^T, v^T]^T \in \mathbb{R}^{2n}$，因此我们很容易得出 $\|x\|_1 = 1^T(u + v) = 1^T z$，并且 $Mx = M(u + v) = [M, -M]z$，$z \geqslant 0$。根据分析，（P_1）问题可以转化为如下线性规划问题：

$$\min_z 1^T z$$

s. t. $b = [M, -M]z \quad z \geqslant 0$

上述线性规划问题与（P_1）问题是等价，详细内容见文献［18］（Elad，2010）。

五、ℓ_p-伪范数最小化问题

从上面的分析中可以看出，我们从 ℓ_2-范数最小化问题，过渡到了 ℓ_1-范数最小化问题，那么我们可否考虑 ℓ_1-范数和 ℓ_0-伪范数之间的 ℓ_p-伪范数（$0 < p < 1$）最小化问题？这里我们需要注意一点，当 $0 < p < 1$ 时，ℓ_p-伪范数不再是真正意义上的范数，它不再满足范数的三角不等式性质，所以我们使用"伪范数"一词来描述它。通过最小化 ℓ_p-伪范数（$0 < p < 1$），可以从欠定线性系统中求解上述问题得到一个相对稀疏的解吗？当 $q < p$ 时，我们从优化的角度描述 ℓ_p-伪范数最小化问题，如下：

$$\min_x \|x\|_q^q$$

s. t. $\|x\|_p^p = 1$

为了求解上述优化问题，首先我们假定 x 有 a 个非零元素，或者为了后面的问题分析方便，我们可以进一步假设 x 中的非零元素都是正的，其余大部分元素为零元素，这对后面的问题分析没有任何影响。根据 ℓ_p-伪范数最小化问题，我们给出它的拉格朗日函数：

$$L(x) = \|x\|_q^q + \lambda(\|x\|_p^p - 1) = -\lambda + \sum_{k=1}^{a}(|x_k|^q + \lambda|x_k|^p)$$

从拉格朗日函数中可以看出，这个函数是可分离函数，即可以单独处理 x 中的每一个元素。对于 x 中的所有元素，最优解可以通过 $x_k^{p-q} = \text{const}$ 给出，也就是说所有非零元素相同。从 ℓ_p-伪范数最小化问题中的约束 $\|x\|_p^p = 1$ 中我们可以推出 $x_k = a^{-1/p}$，而且 ℓ_p-伪范数最小化问题的解可以通过 $\|x\|_q^q = a^{1-q/p}$ 给出。又因为 $q < p$，因此当 $a = 1$ 时，可以推出 x 有最短的 ℓ_p-伪范数，也就是说 x 中只有一个非零元素。

上述的结果表明，当 $q < p$ 时，对于任何一对 ℓ_p 和 ℓ_q 形式，一个单位长度的 ℓ_p 形式的向量变成在 ℓ_q 中最短的向量，它也是最可能的稀疏解。对于任意一对具有 $q < p$ 的 p-伪范数和 q-伪范数，当一个单位长度的 p-伪范数向量是最稀疏时，它就成为 q-伪范数中最短的。对上述分析的几何解释如下：

在 $\mathbb{R}^m$ 中的 ℓ_p 形式的球表面代表在 ℓ_p-伪范数最小化问题中所提出的问题的可行集。我们在同样的空间中将 ℓ_q 张一个球，并且寻找它与 ℓ_p 球面的交集。我们得到的结果表明这个交点是沿着坐标轴的，其中除了 1 以外的所有元素都是 0，图 1-1 说明虚线表示的单位长度的 ℓ_p-伪范数向量最稀疏时，则实线表示的 ℓ_q-伪范数向量（$q < p$）最短。其中，图（1-1）a 为 $p = 2$ 和 $q = 1$，图 1-1（b）为 $p = 1$ 和 $q = 0.5$，两个图中的虚线给出了相反的结果——即最大化 ℓ_q-伪范数将导致最不稀疏的结果。

另一种说明 ℓ_p-伪范数导致欠定线性系统的解变得稀疏的优化问题如下所示：

$(P_p)\ \min\|x\|_p^p$

s.t. $Mx = b$

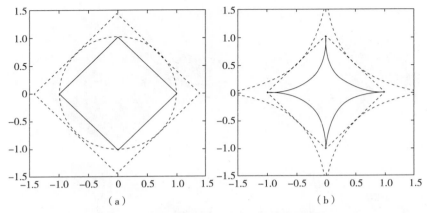

图1-1 ℓ_p 可行集与 ℓ_q 可行集交集示意图

此时，所形成的约束的欠定线性方程组是定义在仿射子空间（经过平移一个常数向量所得到的子空间）上的可行解集。这个位移向量可以是方程组 x_0 的任意解。x_0 和 M 的零空间中的任意向量的线性组合也可以形成一个可行解。几何上，这个集合表现为一个维度为 $\mathbb{R}^{m-n}$ 嵌在 $\mathbb{R}^m$ 中的超平面。

在这个超平面中，我们可以寻找问题（P_p）解。几何上讲，求解（P_p）优化问题是通过以原点为中心再次"吹气球"来完成的，当球第一次接触到可行集时停止膨胀，问题是：交点的特征是什么？图1-2简单演示了一个倾斜超平面（作为约束集）和 p 值等于2、1.5、1和0.7的过程。我们可以看到，当 $p \leqslant 1$ 时，交点出现在球角上。这意味着三个坐标中有两个是零，这就是我们所说的稀疏化趋势。与此相反，当 $p = 2$ 和 $p = 1$ 时，给出的交点不是稀疏的，有三个非零坐标。

在图1-2中，$p = 2$（左上），$p = 1.5$（右上），$p = 1$（左下），$p = 0.7$（右下）在3D中展示了这个交集。当 $p \leqslant 1$ 时，交点发生在球的一个角落，得到一个稀疏解。

以上所讨论的是 ℓ_q-伪范数的情况，当然同时还存在着其他可以促进 x 稀疏的函数。事实上，如果对于任意的函数 $J(x) = \sum\limits_{i} \rho(x_i)$，若 $\rho(x)$ 具

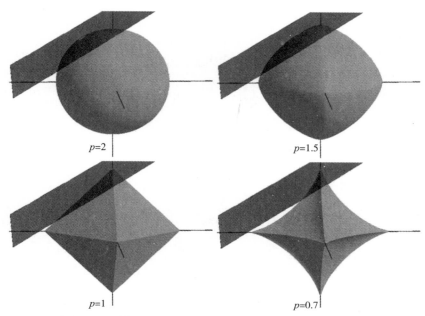

图 1-2 ℓ_p 球与集合 $Mx = b$ 的交集定义的（P_p）问题的解

有对称性，并且在 $x \geqslant 0$ 时单调非减，而且其导数单调非增时，都能得出具有稀疏效果的解向量 x，例如我们可以考虑 $\rho(x) = 1 - \exp(|x|)$，$\rho(x) = \log(1 + |x|)$ 和 $\rho(x) = \dfrac{|x|}{1 + |x|}$ 等单调非增的对称性函数。

六、基于 ℓ_0-伪范数的稀疏性定义

到目前为止，所有可以得到稀疏解的范数中，一种极端的情况就是当 $p \to 0$，我们将 ℓ_0-伪范数表示如下：

设 $x = \{x_i\}_{i=1}^n \in \mathbb{R}^n$ 为感兴趣的观测信号，作为先验信息，假设信号 x 自身是稀疏的，即 x 中含有非常多的零元素，或者说非零元素个数非常少，则向量 x 中的非零元素个数可以通过 ℓ_0-伪范数来刻画，即

$$\|x\|_0 = \lim_{p \to 0} \|x\|_p^p = \lim_{p \to 0} \sum_{i \in I} |x_i|^p := \#\{j: x_j \neq 0\}$$

这种测度方式很直观，相对于 ℓ_0-伪范数更容易理解一些。这种刻画方式可以直接通过计算其中非零元素的个数来度量一个向量的稀疏性。根据非零元素的这种刻画方式，学者们给出稀疏的定义（Elad，2010）。

定义 1.1 设向量 $x = \{x_i\}_{i=1}^{n} \in \mathbb{R}^n$，如果 $\|x\|_0 = \#\{j:\ x_j \neq 0\} \leqslant k$，则称 x 是 k-稀疏的。k-稀疏的向量集合记作 C_k。

为了观察这种刻画效果，图 1-3 给出了标量加权函数 $|x|^p$ 的运算结果，这里讨论 p 取不同值的情况。

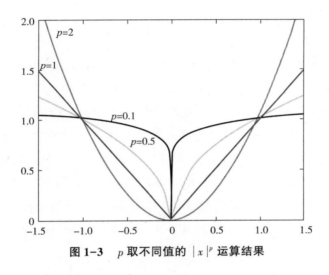

图 1-3 p 取不同值的 $|x|^p$ 运算结果

从上面的分析我们可以看到，尽管 ℓ_0-伪范数提供的刻画稀疏性的方式更加直观且容易理解，但对于实际信号的稀疏表示来说，它并非是最合适的概念。真实的数据向量很少可以用系数大部分为零的向量来描述，因此在后续的稀疏求解问题中，需要建立在这样一个稀疏性的概念上，即数据向量可以用具有少量非零元素的向量表示，在这种先验条件的假设下，就可以用上述讨论的 ℓ_p-伪范数和一般的 ℓ_p-伪范数来度量向量的稀疏性。尽管如此，后面讨论的相关方法也是基于这种假设的。

例如我们设 M 为 $m \times n$ 的矩阵，其通常称为感知矩阵或测量矩阵。在整个问题中，我们总是假设 $m < n$，并且 M 不具有任何零列。则压缩感知

问题可以表示为从线性系统中恢复 x：

$$y = Mx \tag{1-1}$$

在本书中，假设系统中的 x 本身是 k-稀疏的，因此我们重点考虑欠定线性方程组（1-1）的求解问题。如果设 $y \in \mathbb{R}^n$ 为已知观测数据，则稀疏表示可以利用有效的算法，根据线性系统（1-1）来精确重构信号 x_0，其中 M 为度量矩阵。因此稀疏表示问题的数学模型可以描述如下（Candes et al.，2004，2006）：

$$(P_0) \min_x \| x \|_0$$
$$\text{s. t.} \quad b = Mx \tag{1-2}$$

通常，优化问题（1-2）是 NP-难问题（Chen et al.，1998），即求解时会遇到组合搜索。从另一个角度来看，优化问题（1-2）表述的（P_0）问题对信号内容提供了确实是"稀疏"的表示。按照这种方式，虽然逆向变换是线性的，但正向变换却是高度非线性的，且通常求解过程非常复杂。这种变换的魅力在于其可以提供紧凑的稀疏表示。为了克服问题求解的复杂性，学者们如 Chen、Donoho 和 Saunders（1998）等人提出了一种非凸模型的等价替换技术凸松弛的技术，即利用凸 ℓ_1-范数来替换非凸 ℓ_0-范数，可以用于松弛的例子，比如某些 ℓ_p-范数（$p \in (0, 1]$），或者像

$$\sum_j \log(1 + \alpha x_j^2)，\quad \sum_j \frac{x_j^2}{\alpha + x_j^2} \text{ 或 } \sum_j (1 - \exp(-\alpha x_j^2))$$ 之类的光滑函数。

在这类方法中，典型的代表是由 Gorodnitsky 和 Rao 提出的局部欠定系统求解（Focal Underdetermined System Solver，FOCUSS）算法。这个算法采用了一种迭代重加权最小二乘（Iterative-Reweighed-Least-Squares，IRLS）的方法，将 ℓ_p-范数（$p \in (0, 1]$）表示为加权 ℓ_2-范数的形式。在迭代算法中，给定当前的近似解 X_{k+1}，设定权重矩阵 $X_{k+1} = diag(|x_{k+1}|^q)$。暂时假定这个矩阵是可逆的，则 $\| X_{k+1}^{-1} x \| = \| x \|_{2-2q}^{2-2q}$，因为 x 中的每一项都变成 $2 - 2q$ 次幂，并进行了累加。因此，通过选择 $q = 1 - p/2$，就可以利用这个表示来模拟 ℓ_p-范数 $\| x \|_p^p$。

从（P_0）问题转换到它的松弛形式（P_p）问题（$0 < p \leq 1$），需要

关注 M 中列的归一化。鉴于 ℓ_0-范数和 x 中的非零项的幅度没有关系，而 ℓ_p-范数倾向于对较大的列相乘的位置上。为了避免这种偏移，需要对各列进行恰当的幅度调整。利用 ℓ_1-范数做凸优化处理，新的目标变为下式：

$$(P_1) \min_x \parallel W^{-1}x \parallel_1$$

$$\text{s. t.} \quad y = Mx$$

其中，矩阵 W 为对角正定矩阵，引入了预补偿权重。在这种情况下，该矩阵的 (i, j) 项很自然地应选为 $w(i, j) = \dfrac{1}{\parallel a_i \parallel_2}$。假定 M 没有零列，所有的范数都是严格正的，那么 (P_1) 问题就是一个定义明确的问题。对于 M 中所有列归一化的情况（即 $W = I$），Chen、Donoho 和 Saunders（2001）等将其命名为基追踪算法（Basis-Pursuit，BP）。

若令 $x = W^{-1}x$，则问题可以重新表示为 (P_1)，因此 (P_0) 问题可以转化为下面的最小化问题，

$$(P_1) \min_x \parallel x \parallel_1$$

$$\text{s. t.} \quad y = Mx \tag{1-3}$$

其中 $\parallel \cdot \parallel_1$ 表示向量 x 的 ℓ_1 范数，即向量 x 中所有元素绝对值的和（$\parallel x \parallel_1 = \sum_{i=1}^n |x_i|$）。这表明，和前面一样，我们可以将 M 的列归一化处理，并使用它的归一化版本来得到 BP 的经典形式，和贪婪算法一样找到解，而后对其进行归一化处理得到所需要的解向量。其中，贪婪算法是指：在对问题求解时，总是做出在当前看来是最好的选择。也就是说，不从整体最优上加以考虑，算法得到的是在某种意义上的局部最优解。

问题 (P_1) 解的唯一性可以由感知矩阵的受限等距性质（Restricted Isometry Property，RIP）来保证，且当 RIP 条件满足时，非凸的 ℓ_0 范数最小化问题（P_0）与凸的 ℓ_1 范数最小化（P_1）等价。其中 RIP 定义如下（Candes et al.，2006）。

定义 1.2 对于矩阵 $M \in \mathbb{R}^{m \times n}(m < n)$，设常数 $s \leq m$，M_s 是从 M 中选取的含有 s 个列的子矩阵。如果存在最小的常数 $0 < \delta_s < 1$，使得对任意的向量 $c \in \mathbb{R}^s$ 有不等式：

$$(1 - \delta_s) \parallel c \parallel_2^2 \leq \parallel M_s c \parallel_2^2 \leq (1 + \delta_s) \parallel c \parallel_2^2 \tag{1-4}$$

成立，则称矩阵 M 关于常数 δ_s 具有 S-RIP 性质。

类似地，假设稀疏向量 x_0 的支撑集为 T（即向量 x_0 中对应的非零元素指标集），J 为矩阵 M 的列向量 $m_i \in \mathbb{R}^m$ 下标的取值范围集合，则受限正交性常数（Restricted Or thogonality Constants-S，S'）为对所有不相交集合 T，$T' \subseteq J$ 满足

$$|\langle M_T c, M_{T'} c' \rangle| \leq \theta_{s, s'} \parallel c \parallel_2 \parallel c' \parallel_2$$

的 $\theta_{s, s'}$ 的最小值，其中 c，c' 分别为支撑集 T，T' 对应的支撑向量，而且 $|T| \leq s$，$|T'| \leq s'$，$s + s' \leq |J|$。

基于上述性质，下面给出压缩感知的重构唯一性定理（Candes et al.，2006）。

定理 1.1 假设稀疏向量 x_0 的支撑集为 T，且 $T \subset J$，$|T| < s$，若对有限个列向量 $m_{i \in J}$ 排列组成的矩阵 M 满足：

$$\delta_s + \theta_s + \theta_{s, 2s} < 1 \tag{1-5}$$

则 x_0 是优化问题 (P_1) 的唯一最优解。

更多的压缩感知理论可以参考文献（Candes et al.，2006）、（Donoho，2006）、（Elad，2010）、（Eldar et al.，2012）。

对于（P_1）问题，我们可以将其看作线性规划（LP）问题来对待，因此也可以采取现代的优化方法对其求解，如内点发、单纯形法、同伦（Homotopy）法或者其他交替放线法等。这些算法在求解过程中，要远比求解（P_0）问题的贪婪算法复杂，编程实现这些算法也相对困难。目前有几个比较好的软件开发包可以处理这个问题，而且是免费共享的，例如 Candes 和 Romberg 开发的 ℓ_1-magic，Boyd 和他的学生实现的 CVX 和 L1-LS，由 David Donoho 组织设计的 Sparselab，由 Michael Friedlander 开发的 SparCo，由 Julien Mairal 开发的 SPAMS 等软件。

鉴于稀疏表示模型的广泛应用，在过去十几年间，学者们对模型（1-2）和模型（1-3）的理论和应用做了深入的分析和研究，取得了相当丰富的理论成果（Haim et al.，2010；Donoho et al.，2003；Gribonval et al.，2003；Tropp et al.，2004，2006），在应用方面，设计了相应的求解模型的算法（Chen et al.，1998；Candes et al.，2007；Dai et al.，2009；Mallat et al.，1993；Daubechies et al.，2004），以及应用于信号和图像处理中的字典训练算法（Aharon et al.，2006；Engan et al.，2000；Mairal et al.，2010；Skretting et al.，2010；Elad et al.，2005，2006；Casanovas et al.，2010；Plumbley et al.，2010）。经过多年的广泛研究，随着理论和算法研究的不断深入，稀疏表示模型已经逐渐成熟且稳定。而且从上述的研究中发现，我们所讨论的问题为一维向量的求解方法，或者说是线性稀疏表示，人们自然会想到对于高维的稀疏问题应该怎么处理，下面我们介绍非线性稀疏表示——矩阵低秩逼近。

第四节　矩阵低秩逼近

在稀疏表示的意义下，压缩感知利用冗余基的性质，通过少量的观测值来重构稀疏信号，而矩阵逼近理论同样是通过矩阵奇异值的稀疏性，或者说是矩阵秩的稀疏性来对矩阵进行估计。低秩矩阵逼近问题与压缩感知紧密相连，从本质上讲，低秩矩阵逼近是压缩感知的延拓或推广。压缩感知理论的基础是在观测信号的先验信息稀疏性或可压缩的条件下对信号进行采集、压缩和编码，因此压缩感知需要重构的目标是稀疏向量，但是在现实生活中，观测数据大多是图像数据矩阵，并且存在各种不完全因素。例如图像信息丢失需要恢复问题（Linter & Malgouyres，2004；Osher et al.，2005）以及"Netflx 奖励"问题（Bennett & Lanning，2007）等，而这些数据都是以矩阵的形式体现的。以矩阵的形式直接对图像数据进行分析建模会显得更加直观方便。但是出于存储设备等原因，采集到的图像信息会出现数据缺损、丢失或者受到噪声干扰等现象，因此如何在这种环境下精确重构出想要的信息（低秩成分），或者抽象到数学模型，如何求解低秩矩阵逼近问题就显得尤其重要。

一、矩阵完备化

在大数据处理、信息科学和工程领域中通过设备收集或者捕捉到的信息和数据大多是高维的，甚至高达上亿维的数量级。例如信号及图像处理、Web 网络搜索、生物信息科学以及电子商务等。而这些在应用中收集到的有效特征信息往往存在于高维数据中的低维结构中，如何提取出有效信息就显得尤为重要。另外，收集到的高维数据或者观测到的数据矩阵大多只有少量的元素，那么如何从这些元素或者从这些有限信息中估测出其余的大量元素，即如何从矩阵的少量元素中恢复一个未知的低秩矩阵或者逼近一个低秩矩阵也是值得关注的。此外，观测到的高维数据矩阵很可能被污染，即存在噪声或出于设备原因造成观测误差或者受到篡改，因此，从数学角度上可以理解为如何从少量元素或者被污染的观测矩阵中精确地恢复一个低秩矩阵，而且还能够纠正可能存在的观测误差甚至错误。类似于这样的问题，在数学上被称为矩阵完备化（Candes & Recht，2009；Keshavan et al.，2010；Recht，2011；Chen et al.，2011；Negahban & Wainwright，2012）。

矩阵完备化是由美国科学院院士 Donoho 的学生 Candes 以及 Candes 的学生 Recht 等提出的。矩阵完备化考虑的是奇异值的稀疏性或者是矩阵的低秩性质。矩阵完备化过程是利用少量的观测矩阵的部分元素，通过某种线性或非线性系统来精确重构或近似逼近矩阵的过程。近十年间，此问题已经成为矩阵分析与应用以及工程领域中的一个非常活跃的研究热点，例如矩阵完备化或者低秩矩阵逼近问题在人工智能、信号处理、图像处理、计算机视觉、模式识别、文本分析、潜在语义检索、推荐系统等领域中都有着重要的应用（Linter & Malgouyres，2004；Osher et al.，2005；Cham lawi & Khan.，2010；Micchelli et al.，2011；Combettes & Wajs et al.，2004）。对于受限等距离 RIP 条件，学者们将稀疏表示问题中解的唯一性条件平移到矩阵完备化之中。

二、矩阵低秩恢复的受限等距性质

如果将信号或者图像以矩阵的形式来表示，则在信号和数字图像处理领域中广泛应用的一个模型是矩阵低秩逼近（Low-rank Matrix Approximation）。模型如下所示：

$$\min_X \text{rank}(X)$$

$$\text{s. t. } \mathcal{A}(X) = b \tag{1-6}$$

其中，决策变量 $X \in \mathbb{R}^{m \times n}$，且其真值 X_0 具有低秩性的先验信，即 $\text{rank}(X_0) \leq r$。$\mathcal{A}: \mathbb{R}^{m \times n} \to \mathbb{R}^d$ 为将决策变量 X 映射到观测变量 $b \in \mathbb{R}^d$ 上的线性映射。此模型的应用主要体现在以下几种：系统识别与控制、协同滤波（Collaborative Filtering）（Natarajan et al.，1995）和欧氏空间嵌入（Euclidean Embedding）等。

在压缩感知（P_0）问题中，我们考虑的是目标向量 x 的稀疏性，而矩阵低秩逼近模型考虑的是数据矩阵 X 的秩最小化问题，即考虑矩阵 X 的奇异值所构成向量的稀疏性。如同压缩感知（P_0）问题，矩阵低秩逼近问题式（1-6）的求解也是 NP 难问题，因此针对这种非凸问题，学者们考虑寻找其凸松弛模型来替代非凸问题。由于目标函数 $\text{rank}(X)$ 在集合 $\{X \in \mathbb{R}^{m \times n}: \|X\| \leq 1\}$ 上的凸包络（Convex Envelope）为 X 的核范数 $\|X\|_* = \sum_{k=1}^n \sigma_k(X)$，其中 $\|\cdot\|_*$ 定义为矩阵 X 的所有奇异值之和。因此非凸问题式（1-6）可以由下面的凸松弛问题替换（Natarajan，1995）。

$$\min_X \|X\|_*$$

$$\text{s. t. } \mathcal{A}(X) = b \tag{1-7}$$

与压缩感知类似，这里的关键问题是，在什么条件下式（1-7）的解是唯一的。

类似于稀疏表示问题，对于仿射矩阵秩最小化问题，Recht 等（2010）将受限等距离（RIP）条件从向量空间平行地推广到了矩阵空间上。以下定义的受限等距离性质是从向量到矩阵的自然推广。

定义 1.3 设 $\mathcal{A}: \mathbb{R}^{m\times n} \to \mathbb{R}^d$ 为线性映射，其中 $m \leq n$。不失一般性，如果存在关于 r（$1 \leq r \leq m$）的最小的数 $0 < \delta_r < 1$ 使得对所有的秩不超过 r 的矩阵 X 都有下列不等式成立：

$$(1-\delta_r)\|X\|_F \leq \|\mathcal{A}(X)\|_2 \leq (1+\delta_r)\|X\|_F$$

则，矩阵 X 满足受限等距离性质（RIP）。其中 $\|X\|_F$ 表示矩阵 X 的 Frobenius 范数，即：

$$\|X\|_F = \sqrt{\langle X, X \rangle} = \sqrt{\mathrm{tr}(X^T X)} = \left(\sum_{i=1}^m \sum_{j=1}^n X_{ij}^2\right)^{\frac{1}{2}} = \left(\sum_{i=1}^r \sigma_i^2\right)^{\frac{1}{2}} \tag{1-8}$$

设 X_0 的秩为 r，令 $b = \mathcal{A}(X_0)$，则：

$$\hat{X} := \arg\min_X \|X\|_*$$
$$\text{s. t. } \mathcal{A}(X) = b \tag{1-9}$$

如果要保证 $\hat{X} = X_0$，关键条件是线性映射 $\mathcal{A}$ 下的等距参数 δ_r 的值来确定。

需要注意的是，根据定义，如果存在 r' 使得 $r \leq r'$，则 $\delta_r \leq \delta_{r'}$。稀疏向量的受限等距离（RIP）是由 Candes 和 Tao（2004）提出的，并且要求式（1-8）保持欧几里得范数。而矩阵的受限等距离性质（RIP）中的 Frobenius 范数取代了欧几里得范数，并且秩取代了稀疏度。如果 X 为对角矩阵，Frobenius 范数等于欧几里得范数，所以该定义在矩阵为对角情况下就可以弱化为文献 Candes 和 Tao（2004）中原始的受限等距离性质（RIP）。基于受限等距离性质（RIP）条件，下述两个定理给出了低秩逼近问题唯一精确解的充分条件。

定理 1.2 如果 $\delta_{2r} < 1$，对于常数 $r \geq 1$，则 X_0 是唯一秩不超过 r 且满足 $\mathcal{A}(X) = b_1$ 的矩阵。

定理 1.3 如果 $r \geqslant 1$，且 $\delta_{5r} < \dfrac{1}{10}$，则 $\hat{X} = X_0$。

这两个定理是从稀疏情况到低秩情况的一种演变。根据矩阵秩和核范数的最小特性，其中定理 1.2 是文献 Candes 和 Tao（2004）中（见引理 1.2）稀疏向量逼近问题到低秩矩阵逼近问题的延伸。定理 1.3 给出了低秩矩阵精确重构的充分条件。

三、矩阵低秩稀疏分解

与低秩矩阵逼近问题紧密相关的另一个问题是矩阵低秩稀疏分解。假设观测到的高维数据矩阵为 $D \in \mathbb{R}^{m \times n}$，低秩矩阵逼近的目的是从高维空间中估计一个低维子空间的问题，即估计一个低秩矩阵 A，使得 D 与 $A \in \mathbb{R}^{m \times n}$ 之间的误差 $E = D - A$ 最小化，该问题表示如下：

$$\min \|E\|_F^2 = \|D - A\|_F^2$$

$$\text{s. t. } rank(A) \leqslant r$$

其中 $r \ll \min(m, n)$，而主成分分析（Hotelling，1932；Jolliffe，1986；Golub & Van，2013）是求解矩阵低秩逼近问题最著名的方法。主成分分析在处理数据的过程中通过奇异值分解（Singular Value Decomposition，SVD），即 $D = U\Sigma V^T$，来确定 r 个主要奇异值，并利用主要奇异值来确定相应的主要奇异向量 $u_1, u_2, \cdots, u_r$。根据这 r 个左奇异向量，可以分析或识别信号的主要特征，因此基于左奇异向量的信号分析方法称为主成分分析。在误差 $\|E\|_F$ 较小的情况下，利用奇异值分解，经典的主成分分析通过下面的优化问题可以求解到 A 的最佳秩 r 逼近。

$$\min_E \|E\|_F$$

$$\text{s. t. } rank(A) \leqslant r \qquad\qquad (1\text{-}10)$$

$$\|D - A\|_F \leqslant \delta$$

其中，δ 是扰动成分 E 的上界，$\|\cdot\|_F$ 是 Frobenius 范数。

注 1.1 次要的左奇异向量 u_{r+1}，u_{r+2}，…，u_m 经常可以反映出信号的细节信息，因此，当采集到的信号或图像的主要特征，或者是大体轮廓相同时，细节信息可以区分信号之间的不同点，这种通过细节信息（左奇异向量）分析信号的方法称为次成分分析（Minimal Component Analysis，MCA）。

经典的主成分分析（PCA）通过优化问题式（1-10）可以给出矩阵低秩逼近问题的最优解，前提是观测矩阵 D 的噪声矩阵 E 符合高斯独立同分布（i.i.d）。然而在现实生活中，收集到的观测数据矩阵大多可能是被高度污染的，例如一种情况是噪声（扰动）或者误差矩阵 E 中的大部分元素取值量级很大；另一种情况是大多数元素值不是很大，但却有少量元素值出现异常，这种情况下的经典主成分分析求解得到的低秩估计矩阵 $\hat{A}$ 的值会远远偏离其真值 A。对于这类情况，矩阵恢复（Matrix Recovery）是处理此类问题的最佳选择。

矩阵恢复问题可以从受到严重污染（损坏或者扰动）的观测数据矩阵 D 中自动识别被污染的元素，从而精确恢复原始低秩矩阵 A。但是，在应用科学和工程等许多领域中，例如信号和图像处理、机器学习、模式识别、控制、计算机视觉和系统工程等，其观测数据矩阵 D 通常可以分解为一个低秩矩阵与一个扰动矩阵之和的形式，因此在这种情况下重构低秩矩阵，仍不能彻底解决问题，但是本书将一个数据矩阵 D 分解为一个低秩矩阵 A 与一个稀疏矩阵 E 之和形式，见式（1-11）：

$$D = A + E \tag{1-11}$$

其中，$A \in \mathbb{R}^{m \times n}$ 为低秩矩阵或者说是 D 的低秩成分，$E \in \mathbb{R}^{m \times n}$ 为稀疏矩阵或者说是 D 的稀疏成分。根据观测数据矩阵 D，并不能清晰地知道关于 A 和 E 的先验信息，例如 A 的低维列和行空间，甚至不知道它的维数，同样不能确定 E 的非零项的个数、具体位置或扰动幅值等先验信息。虽然有诸多不确定因素，但是本书仍希望能够从观测数据矩阵 D 中有效地重构其低秩成分和稀疏成分，这是一件非常有意义且有研究价值的问题。因此，在不同的物理环境下，低秩矩阵恢复又可以被称为矩阵低秩稀疏分解

（Sparse and Lowrank Matrix Decomposition），也就是说观测矩阵可以看成是由一个低秩矩阵加一个稀疏矩阵合成的。

从一个受污染（扰动或者严重损坏）的观测数据矩阵中恢复一个低秩矩阵和一个稀疏矩阵的数学问题被称为矩阵完备化。矩阵完备化包含两个主要目的：

第一，矩阵填充，即填补低秩矩阵中的缺失元素。

第二，矩阵纠错，即纠正观测矩阵中某些误差较大或被篡改的样本元素。

从数学角度考虑，矩阵完备化可以认为是：重构一个低秩矩阵 X（rank $(X) \ll \min\{m, n\}$），使得：

$$\hat{X} = \arg \min_X \mathrm{rank}(X)$$
$$\text{s. t. } \mathcal{P}_\Omega(X) = \mathcal{P}_\Omega(D) \tag{1-12}$$

其中，$\mathcal{P}_\Omega: \mathbb{R}^{m \times n} \to \mathbb{R}^{m \times n}$ 是到指标集 Ω 的投影，即：

$$\left[\mathcal{P}_\Omega(D) \right]_{ij} = \begin{cases} D_{ij}, & (i, j) \in \Omega \\ 0, & (i, j) \notin \Omega \end{cases} \tag{1-13}$$

假设观测矩阵 $D = A + E$ 中的噪声（或扰动）矩阵 E 中元素的平均值为 $\sigma = \frac{1}{mn} \|E\|_2^2$，并且被重构出的矩阵为 X，则矩阵恢复可以细分为以下四种情况（Lewis et al.，2003）：

（1）低秩矩阵 A 的精确恢复（Exact Recovery），即使得 $\hat{X} = A_0$。

（2）低秩矩阵 A 的近精确恢复（Near-exact Recovery），$\frac{1}{mn} \|\hat{X} - A_0\|_2^2 \leqslant \epsilon \cdot \sigma^2$。

（3）低秩矩阵 A 的逼近恢复（Approximate Rcovery），$\frac{1}{mn} \|\hat{X} - A_0\|_2^2 \leqslant \epsilon \cdot \mathrm{scale}(A)$。

（4）观测矩阵 D 的逼近恢复，$\frac{1}{mn} \|\hat{X} - D\|_2^2 \leqslant \sigma^2 + \epsilon \cdot \mathrm{scale}(A)$。

其中，平均元素的幅值定义为 $\text{scale}(A)=\dfrac{1}{mn}\|A\|_F^2$，或者最大元素的幅值定义为 $\text{scale}(A)=\|A\|_\infty=\max\{A_{ij}\}$。

需要注意的是，对于精确和近精确的低秩矩阵恢复问题，需要要求低秩矩阵 A 满足严格的非相干性假设，而大多数的低秩矩阵不能够满足这一条件。因此，对于不满足严格的非相干性条件的低秩矩阵，我们只能做到低秩矩阵的逼近恢复。矩阵完备问题式（1-12）是 NP 难问题，为了使得矩阵完备化问题可解，利用矩阵的 Schatten 范数，可以通过非凸问题松弛化处理。下面介绍关于矩阵优化问题的相关范数。

首先本书介绍需要用到的酉不变范数的定义及相关性质（Von，1937；Berry et al.，1999）。

定义 1.4 如果范数 $\|\cdot\|$ 满足 $\|A\|=\|UAV\|$ 对任何矩阵 A 以及酉矩阵 U，V 成立，那么这个范数称为酉不变范数（Unitarily Invariant Norms）。特殊地，如果 A 为秩一矩阵，则 $\|A\|=\|A\|_2$。

令矩阵 $A\in\mathbb{C}^{m\times n}$ 的奇异值分解为 $A=U^T\Sigma V$。显然，$\|A\|=\|U^TAV\|=\|\Sigma\|$ 为酉不变范数。令 $\sigma=[\sigma_1,\cdots,\sigma_k]^T$，$k=\min\{m,n\}$ 表示全部奇异值组成的向量，则根据奇异值向量范数形式，酉不变范数 $\|A\|=\|\Sigma\|$ 可以定义为：$\|A\|=\|\boldsymbol{\sigma}\|$。特别地，称：

$$\|A\|_p=\|\boldsymbol{\sigma}\|=\left(\sum_{i=1}^{\min\{m,n\}}\sigma_i^p\right)^{1/p} \tag{1-14}$$

是矩阵 A 的 Schatten-p 范数。最常用的 Schatten-p 范数有 $p=1$，2，∞ 这三种情况。下面分别详细介绍这三种范数。

第一，当 $p=1$ 时，Schatten 范数称为核范数（Nuclear Norm），即矩阵 A 的所有奇异值之和，即：

$$\|A\|_*=\sum_{i=1}^{\min\{m,n\}}\sigma_i=\text{tr}(\sqrt{A^TA}) \tag{1-15}$$

第二，当 $p=2$ 时，Schatten 范数为 Frobenius 范数，即：

$$\|A\|_2=\|A\|_F=\sqrt{\sum_{i=1}^{\min\{m,n\}}\sigma_i^2}=\sqrt{\text{tr}(A^TA)}=\sqrt{\sum_{i=1}^{m}\sum_{j=1}^{n}|a_{ij}|^2} \tag{1-16}$$

第三，$p = \infty$ 时，Schatten 范数与诱导的 ℓ_2 范数（谱范数）相同，即 $\|A\|_\infty = \sigma_{\min}(A)$。

因此，从上述分析可以清晰地知道关于奇异值的函数核范数（$\|\cdot\|_*$）、Frobenius 范数（$\|\cdot\|_F$）和谱范数（$\|\cdot\|_2$）都是酉不变范数。但并不是所有范数都是酉不变范数，例如无穷范数。

例 1.1

$$A = \begin{pmatrix} 1 & 1 \\ 1 & 1 \end{pmatrix}$$

明显可以看出 $\|A\|_\infty = 2$，但是对于酉矩阵：

$$U = \begin{pmatrix} \dfrac{1}{\sqrt{2}} & \dfrac{1}{\sqrt{2}} \\ -\dfrac{1}{\sqrt{2}} & \dfrac{1}{\sqrt{2}} \end{pmatrix}$$

则有：

$$\|UA\|_\infty = \left\| \begin{pmatrix} \dfrac{2}{\sqrt{2}} & \dfrac{2}{\sqrt{2}} \\ 0 & 0 \end{pmatrix} \right\| = \frac{4}{\sqrt{2}}$$

因此出现矛盾。

下面是精确重构低秩矩阵 A 和稀疏矩阵 E 的两个关键点：

首先，大多数的低秩矩阵可以通过观测数据矩阵中的只含有非常少的非零元素集合来精确恢复。

其次，若只要样本元素的个数对某个正常数 C 满足不等式 $m \geqslant Cn^{6/5}r\log n$，则可以通过下列优化问题恢复秩为 r 的矩阵 M：

$$\min_X \|X\|_* \tag{1-17}$$
$$\text{s. t. } X_{ij} = M_{ij}, \ (i, j) \in \Omega$$

令 $P_\Omega = X(X^TX)^\dagger X^T$，$X \in \Omega$ 是到矩阵 X 的列空间上的正交投影矩阵，则有 $P_\Omega X = X$，$X \in \Omega$，其元素形式定义为：

$$\left[P_\Omega(X) \right]_{ij} = \begin{cases} X_{ij}, & X_{ij} \in \Omega \\ 0, & X_{ij} \notin \Omega \end{cases} \tag{1-18}$$

因此,核范数最小化问题式(1-17)可以等价于以下优化问题:

$$\min_X \|X\|_* \\ \text{s. t. } P_\Omega(X) = P_\Omega(M) \tag{1-19}$$

根据上述分析,尽管传统的主成分分析有许多优点,但是,当 E 充分稀疏的时候,主成分分析求得的低秩矩阵 $\hat{A}$ 远远偏离其真实值。这种偏差的原因正是传统的主成分分析针对的是高斯噪声,而不是稀疏噪声。因此,在任意噪声下寻找矩阵 D 的精确低秩近似是一个非常值得研究的问题。要寻找的这个低秩矩阵的秩不大于指定的秩 r,其中 r 比 m 和 n 都小得多。例如,这种低秩逼近可用于线性代数、统计、图像处理、有损数据压缩、文本分析和密码学(Candes et al.,2011)等许多领域中。SVD 可以用于找到 D 的近似值,但它对超线性(在 m 和 n 中)多项式时间上有一定的依赖性,而且对于数据集非常大的许多应用来说仍然不可行。因此,根据数据矩阵 D 是低秩分量 A 和扰动 E 的叠加性,研究低秩矩阵逼近问题的理论保证是非常必要的。

四、鲁棒主成分分析

为了求解矩阵低秩逼近问题,最近学者们提出了鲁棒主成分分析(Robust Principle Component Analysis,RPCA)方法,从而将非凸的秩最小化问题松弛为凸的核范数最小化问题,并利用主成分追踪(Principal Component Pursuit)法求解。

主成分分析在自适应独立同分布(i. i. d.)高斯噪声下给出了矩阵的最佳低秩估计,但是此方法对异常值非常敏感,基于鲁棒主成分分析(RPCA)很好地弥补了这类问题,它旨在使主成分分析对大的误差值和异常值具有鲁棒性。从优化模型上讲,将观测数据矩阵 D 分解为一个低秩矩阵 A 加上一个稀疏矩阵 E 的问题可以由下述优化模型来描述(Candes et al. , 2011；Chandrasekaran et al. , 2011）：

$$\min_{A,E} \mathrm{rank}(A) + \alpha \|E\|_0 \qquad (1\text{-}20)$$
$$\mathrm{s.\,t.} \quad D = A + E$$

根据压缩感知我们知道，$\mathrm{rank}(A)$ 和 $\|E\|_0$ 是非凸非光滑的，因此会遇到组合优化问题，即 NP 问题。但是根据压缩感知理论，通常可以利用凸松弛技术来替代上述非凸问题，因此上述非凸优化可以转化为：

$$\min_{A,E} \|A\|_* + \lambda \|E\|_1 \qquad (1\text{-}21)$$
$$\mathrm{s.\,t.} \quad D = A + E$$

可以发现式（1-21）目的是逼近核范数$\|\cdot\|_*$和ℓ_1范数下的矩阵A和E，因此这种优化方法被称为鲁棒主成分分析（RPCA）。

五、矩阵低秩稀疏分解的唯一性

在没有关于稀疏矩阵或者低秩矩阵的先验信息下，稀疏矩阵与低秩矩阵之间存在不确定的相干性，因此求解矩阵分解 $D = A + E$ 无疑是一个病态问题，从而引发下面两个相关问题：

（1）低秩矩阵本身的非零元个数非常稀少，即本身具有稀疏性。

（2）稀疏矩阵中的非零元素可能只集中在矩阵的某个列上，因此该非零元素可能会否定低秩矩阵的对应列的元素，从而改变低秩矩阵的秩。

为了刻画低秩矩阵与稀疏矩阵之间的上述两种不确定性关系，Chandrasekaran 等于 2011 年提出了秩—稀疏非相干性（Rank - sparsity Incoherence）条件。理论上，文献（Chandrasekaran et al. , 2011）基于秩和稀疏之间的相关性，给出了在参数 λ 下式（1-21）解的唯一性充分条件。

定理 1.4 考虑 $D = A_0 + E_0$，如果 $\mu(E_0)\xi(A_0) < \dfrac{1}{6}$ 且 $\lambda \in$

$\left(\dfrac{\xi(A_0)}{1 - 4\mu(E_0)\xi(A_0)}, \dfrac{1 - 3\mu(E_0)\xi(A_0)}{\mu(E_0)} \right)$，则式（1-21）的唯一最优解（$\hat{A}$，$\hat{E}$）为（$A_0$，$E_0$）。其中，$\mu(E_0) \triangleq \max_{N \in \Omega(E_0), \|N\|_\infty \leqslant 1} \|N\|_2$，$\xi(A_0) \triangleq$

$\max_{N \in T(A_0), \|N\|_2 \leqslant 1} \|N\|_\infty$，$\Omega(E_0)$ 是在 E_0 处的正切空间，即非零元的个数不超过 $|support(E_0)|$ 的所有稀疏矩阵集；$T(A_0)$ 是在 A_0 处的正切空间，即秩不超过 $rank(A_0)$ 的所有低秩矩阵集。特别地，$\lambda = \dfrac{3(\xi(A_0))^p}{2(\mu(E_0))^{1-p}}$，其中 $p \in [0, 1]$ 总是位于上述取值范围，因而总能够保证真实低秩矩阵 A_0 和稀疏矩阵 E_0 的精确恢复。

上述给出了基于鲁棒主成分分析（RPCA）优化模型解的唯一性理论保证。基于唯一性定理，则后面需要考虑的是如何求解这些模型，即通过什么算法来寻找模型的解。对于最小化 ℓ_1 范数，算法常常会用到软阈值算子（Soft Thresholding）（Combettes & Wajs，2005）；而求解最小化核范数（$\|\cdot\|_*$）时，会用到奇异值阈值算子（Singular Value Thresholding）（Cai et al.，2010）。因此，基于两个关键阈值算子，最近学者们给出了很多求解此类问题的相关算法。

目前关于矩阵恢复的优化问题大多是从向量情形下的稀疏表示模型推广过来的，例如，矩阵 Dantzig Selector（Candes & Tao，2007；Koltchinskii，2009；Bickel et al.，2009；James et al.，2009）、矩阵 Lasso（Tibshirani，1996；Zhao & Yu，2006）。基于迭代阈值方法，最近十几年中，学者们设计的求解基于鲁棒主成分分析（RPCA）问题的算法主要包括：求解低秩矩阵的固定点 Bregman 迭代方法（Ma et al.，2011）、奇异值阈值算法（Singular Value Thresholding Algorithm，SVT）（Cai et al.，2010；Cai & Osher，2010）、加速近邻梯度算法（Accelerated Proximal Gradient Algorithm，APG）（Toh & Yun，2010）、增广拉格朗日乘子法（Augmented Lagrangian Multipliers，ALM）（Lin et al.，2013）、交替方向法（Alternating Direction Method，ADM）（Yuan & Yang，2013）等。这些算法是从信号的稀疏表示方法到低秩矩阵恢复算法的一种推广。因此，这些算法的有效设计，才使得压缩感知、矩阵低秩稀疏逼近在很多领域中得到了成功的应用。

六、矩阵低秩稀疏分解的应用

基于鲁棒主成分分析（RPCA）方法能够精确恢复数据集中的底层低

秩结构和稀疏分量，即矩阵 E 具有任意的稀疏度，因此基于鲁棒主成分分析（RPCA）有以下应用。例如，背景建模和在相关文献（Candes et al.，2011；Yuan & Yang，2013；Lin et al.，2013；Cai et al.，2010）中展示的面部图像中去除阴影和镜面反射；在计算复杂度研究领域中，矩阵刚度（Martrix Rigidity）（Valiant，1977）刻画了降低一个矩阵的秩所需改变矩阵元素的最少数目的性质；此外还有许多在重要的应用中所研究的数据可以自然地被建模为矩阵低秩稀疏分解问题。下面给出应用科学中六个具有挑战性的例子（Candes et al.，2011；Chandrasekaran et al.，2011）。

（1）图形化建模（Graphical Modeling）。在大部分的应用中，根据上述分析，少量的特征信息可以解释大量的观测信息，因此大的协方差矩阵通常用矩阵低秩逼近，如主成分分析（PCA）。如果假定对于某个图形的协方差矩阵的逆矩阵（或者信息矩阵）相对于某个图形矩阵是稀疏的，则矩阵低秩稀疏分解可以用来处理图形化建模问题（Lauritzen，1996）。因为在模型的选取过程中，观测数据矩阵通常可以被认为是由低秩矩阵与稀疏矩阵之和的形式构成的，这样可以充分刻画出未被观察到的隐藏变量的作用。

（2）复合系统识别（Composite System Identification）。矩阵低秩稀疏分解问题又可以被用于复合系统识别。在复合系统识别中，通常认为组合系统是由低秩 Hankel 矩阵和稀疏 Hankel 矩阵之和组成的。例如线性时不变（Linear Time-invariant，LTI）系统可以用 Hankel 矩阵来表示，其中矩阵表示系统的输入—输出关系（Ontag，1998）。其中稀疏 Hankel 矩阵对应于一个具有稀疏脉冲响应的线性时不变系统，而低秩的 Hankel 矩阵则对应于具有小的模型阶数的最小实现系统（Azel et al.，2003）。设线性时不变系统的 Hankel 矩阵为 H，且满足：

$$H = H_s + H_{lr}$$

其中，H_s 为稀疏部分，H_{lr} 为低秩部分。而 Hankel 矩阵中的稀疏和低秩分量可以通过求解秩稀疏分解问题来获得。值得注意的是，在实践中，如果在式（1-21）的约束项中附加 Hankel 结构，则可以将问题转化为结构矩阵低秩稀疏分解。

（3）视频监督（Video Surveillance）。给定一列监控视频帧，我们通常需要从不变的背景中识别出运动的前景（物体）。如果我们将视频帧堆叠为矩阵 D 的列，则低秩分量 A 自然对应于固定背景，并且捕获前景中的移动对象可以被认定为稀疏分量 E。然而，每个图像帧具有数千个或数万个像素，并且每个视频片段包含数百帧或数千帧，因此根据图像帧与帧之间的相似性，根据矩阵低秩稀疏分解，可以有效地提取出其不动的背景 A 和移动的前景 E。

（4）人脸识别（Face Recognition）。众所周知，在变化的光照下，朗伯凸表面的图像可以张成一个低维子空间（Basri & Jacobs，2003），这个事实是低维模型对于图像数据最有效的主要原因。特别地，人脸数据形成的图像可以通过低维子空间来近似逼近。由于现实生活中捕捉到的脸部图像数据常常会被阴影、高光、镜面反射或亮度的高度饱和影响而受到不同程度的污染或受损，因此，通过矩阵低秩稀疏分解，可以将这些受损部分去除。

（5）潜在语义索引（Latent Semantic Indexing，LSI）。由于网络文本搜索引擎需要分析海量的文本数据，而目前流行的方法就是潜在语义索引（Deerwester et al.，1990）。其核心思想是将文档数据与文档数据的相关性进行编码，并将编码后的数据作为文档词矩阵（Document-versus-term Matrix）D 的元素。经典的主成分分析（PCA）可以求解矩阵 D 的低秩逼近矩阵和一个误差矩阵之和，但通常误差矩阵并非是稀疏的。如果将文档词矩阵 D 分解为稀疏矩阵 E 与低秩矩阵 A 之和的形式，则低秩矩阵 A 可以作为所有文档中共同使用的常用词组，而 E 可以表示区别于其他文档的非常少的关键词。

（6）评分与协同筛选（Ranking and Collaborative Fltering）。预测用户的喜好问题在在线商务和广告中越发重要。很多公司现在公开收集各种产品的用户排名，例如电影、书籍、游戏或网络工具等。但是由于数据收集过程缺乏控制，可用的排名信息只有一小部分（稀疏矩阵 E）且可能是嘈杂的，甚至是被篡改的。所以需要解决的问题是，如何根据用户在一些产品上提供的不完整信息来预测用户对给定产品的偏好。这个问题通常被转换为低秩矩阵完成问题。也就是说，我们需要从一组不完全和损坏的信息中推断出低秩矩阵 A。这类问题被称为评分和协同筛选问题，即利用用户对某些产品的不完整评分，预测任何一个特定用户对任何一个产品的喜好。评分与协同筛选最著名的应用是 Netfiix 推荐系统，它是解决这类预测问题最成功的例子。由于采集到的数据受到干扰，所以少部分可用的评分可能误差比较大，甚至有可能遭到篡改。因此，需要在完备低秩矩阵的同时，还能矫正错误。

第五节　本书的主要研究内容

低秩矩阵逼近问题与压缩感知紧密相连，从本质上讲，低秩矩阵逼近是一维信号到二维矩阵的自然延伸和推广。因此，本书研究的第二个大问题是二维平面矩阵的低秩逼近问题。在压缩感知问题 (P_0) 中，目标函数是数据 x 的稀疏性，而在低秩矩阵逼近问题中，目标函数则是数据矩阵 X 的秩，即其奇异值构成向量的稀疏性。并且在不同的物理背景下，低秩矩阵恢复又可以被称为矩阵低秩稀疏分解（Sparse and Low-Rank Matrix Decomposition）。也就是说观测矩阵可以看成是由一个低秩矩阵加一个稀疏矩阵合成的，即 $D=A+E$，其中 A 是低秩成分，E 是稀疏成分。从一个不完全数据矩阵恢复一个低秩矩阵和一个稀疏矩阵的数学问题又被称为矩阵完备化。

当稀疏矩阵 E 为扰动矩阵时，本书讨论并分析了低秩矩阵分解的扰动理论。根据酉不变范数的一个关键性质，即对任意矩阵 A，B 则有 $\|AB\| \leq \|A\|\|B\|_2$ 或 $\|AB\| \leq \|A\|_2\|B\|$。设 $P_A = AA^\dagger$ 是到列空间 $R(A)$ 上的正交投影，如果 $\mathrm{rank}(A) \leq \mathrm{rank}(D)$，则有 $\|P_D^\perp P_A\| \leq \|P_D P_A^\perp\|$。根据这一性质，基于矩阵的广义逆，在酉不变范数 $\|\cdot\|$ 下，当 $\|D\| \geq \|A\|$ 或者 $\|D\| \leq \|A\|$ 时，利用矩阵的广义逆分解 $(D^\dagger - A^\dagger)$，分别给出了矩阵低秩分解 $(D-A)$ 的误差下界。通过数值例子，当扰动项为稀疏矩阵时，本书验证了所给出了误差界。

本书考虑矩阵低秩稀疏分解的更一般形式，首先，回顾了基于受限等距离（RIP）条件的理想环境下矩阵低秩逼近问题的精确重构充分条件，以及噪声环境下的矩阵低秩逼近误差上界；其次，针对稀疏矩阵逼近问题，本书给出了稀疏度为 s 的矩阵的受限等距离（RIP）条件，并根据定义的受限等距离（RIP）条件，给出了稀疏矩阵精确重构的充分条件，同时本书还考虑了噪声环境下的稀疏矩阵逼近问题，研究了其重构问题的鲁棒性及一些性质，并给出了 Frobenius 范数下的误差上界。通过构造的随机稀疏矩阵，利用经典的增广拉格朗日乘子法（ALM），给出了求解噪声环境下稀疏矩阵的重构结果，并验证了理论结果的正确性。

根据线性约束凸优化问题的可分离性，不同于整体约束的思想，本书将矩阵低秩稀疏分解的约束条件 $D=A+E$ 分裂为两个约束项，即根据其真值，分别令 $A=A_0$ 和 $E=E_0$，然后在构造的拉格朗日函数中对它们分别惩罚。基于此思想，本书提出了一种不同于其他方法的可分离替代函数法（Separable Surrogate Function，SSF）。基于可分离替代函数法（SSF），利用经典的奇异值阈值（SVT）思想，给出了两种迭代格式：

第一种是临近点迭代阈值（Proximal Point Iterative Thresholding，PPIT）算法。临近点迭代阈值（PPIT）算法的设计关键是在第 $(k+1)$ 次迭代时，通过最小化替代后的拉格朗日函数 $\hat{L}$，并赋值 $A_0=A_k$，$E_0=E_k$。为了与观察数据矩阵 D 建立关系，需要在 A 和 E 分别对应的拉格朗日乘子 Y_A^{k+1} 和 Y_E^{k+1} 中令 $D-E_k=A_k$，$D-A_k=E_k$，之后再循环更新，直到达到收敛准则后停止循环。

基于非精确增广拉格朗日乘子（IALM）（Bertsekas，1982）法，本书提出的第二种算法是基于不精确的增广拉格朗日的可分离替代函数算法（SSF-IALM）。借助非精确增广拉格朗日乘子（IALM）方法，在算法循环过程中，设 $Y_A^0=D/J(D)$，其中 $J(D)=\max\{\|D\|_2,\dfrac{1}{\lambda}\|D\|_\infty\}$，$\|\cdot\|_\infty$ 矩阵中元素绝对值最大值。其中步长 μ_k 的更新思想与非精确增广拉格朗日乘子（IALM）思想相同。理论上，针对临近点迭代阈值算法（PPIT），本书给出了其收敛性分析，通过两个定理，保证了算法的收敛性。通过随机构造

的数据和太空图像以及标准灰度图像的测试，实验模拟表明了所提出的算法的可行性和有效性。

由于鲁棒主成分分析模型（RPCA）所涉及的优化问题在求解过程中会进行 SVD 分解，而且每循环一次，都需要重新对求得的矩阵进行一次 SVD 分解，这在很大程度上增加了计算复杂度。为了解决这一弊端，在本书，不同于鲁棒主成分分析模型（RPCA）中利用核范数刻画秩的思想，本书通过使用低秩矩阵的因子分解来替代核范数约束，即假设存在一秩为 r 的低秩矩阵 A，则问题可以通过它的满秩分解 $A=LR^T$ 来刻画秩 r，其中 L 和 R 分别是 $m×r$ 和 $n×r$ 的满秩矩阵。

基于矩阵的因子分解，本书提出了一种新的模型来求解稀疏低秩分解问题，即矩阵的稀疏低秩因子分解模型（Sparse and Low-rank Factorization，SLRF）（Liu et al.，2017）。在这个模型下，本书设计了惩罚函数法（PFM）和增广拉格朗日乘子法（ALMM）来解决这个新的非凸优化问题。理论上，通过模型的半定规划格式，本书证明了这两个模型的等价性，并对应所提出的方法，分别给出了相应的收敛性分析。与经典的鲁棒主成分分析（RPCA）相比，通过几组数值实验，仿真结果表明本书的方法优于已有的鲁棒主成分分析模型（RPCA）。将所提的方法应用于机场大厅视频监督的背景建模之中，实验结果表明这种方法可以有效地将视频中不动的背景和移动的前景分离出来。

鲁棒主成分分析模型（RPCA）和矩阵的稀疏低秩因子分解模型（SLRF）的主要不同点是对秩约束的刻画。具体来说，鲁棒主成分分析模型（RPCA）是通过核范数来约束秩的，而矩阵的稀疏低秩因子分解模型（SLRF）是通过矩阵的满秩分解来刻画秩的。这样做的最大好处是避免了每次循环中对矩阵的 SVD 分解，这样可以将决策变量的计算复杂度从 mn 降低到 $(m+n)r$。因此这既可以降低存储空间，又能缩短计算时间。

第六节　本书的组织结构

第二章在酉不变范数意义下，研究了矩阵低秩分解的扰动理论。假设矩阵 A 是观测数据矩阵 D 的一个低秩逼近，E 是扰动矩阵，本书根据著名的矩阵广义逆分解（$D^{\dagger}-A^{\dagger}$），利用矩阵的相关投影性质，分别给出不同情况下矩阵低秩分解（$D-A$）的误差下界。通过随机数据实验，当扰动项 E 为稀疏矩阵时，本书验证了所给的误差界。

第三章基于受限等距性质（RIP），在理想情况下本书研究了矩阵低秩稀疏分解的性质，并给出了稀疏矩阵精确重构的充分条件；在噪声情况下，分析了稀疏矩阵恢复的鲁棒性，给出了误差上界。

第四章研究了矩阵低矩稀疏分解的可分离替代函数法，基于奇异值阈值算法提出两种新的迭代策略：临似点迭代阈值算法（PPIT）和基于非精确的增广拉格朗日乘子法（IALM）的可分离替代函数算法（SSF-IALM）。将本书设计的算法应用于背景建模以及太空图像和标准灰度测试图像的稀疏低秩分解中，实验结果表明本书的算法是可行有效的，并且与已有算法相比，实验仿真体现了本书所设计算法的优越性。

第五章介绍了鲁棒主成分分析模型（RPCA），并且根据矩阵满秩分解性质本书提出了一种新的稀疏低秩因子分解模型（SLRF），并设计了两种求解此模型的算法：惩罚函数法（PFM）和增广拉格朗日方法（ALMM）。从不同角度分别给出了方法的收敛性分析。实验结果验证了方法的有效性及优越性。

求解此模型的算法：惩罚函数法（PFM）和增广拉格朗日方法（ALMM）。从不同角度分别给出了方法的收敛性分析。实验结果验证了方法的有效性及优越性。

第六章是对本书研究工作的总结和未来展望。

矩阵低秩逼近的误差下界

本章讨论并分析矩阵低秩逼近的扰动理论。研究矩阵低秩逼近问题的误差下界有如下原因：首先，到目前为止，未曾发现有相关文献考虑矩阵低秩逼近问题的误差下界，因此在本书中，首次提出了矩阵低秩逼近的误差下界分析；其次，对于矩阵低秩逼近，当扰动矩阵 E 存在时，则必然存在不可避免的逼近误差，即近似逼近误差不可能等于 0，但会趋向于 0；再次，根据本书的主要结果，清楚地发现谱范数对矩阵低秩逼近的影响，例如，对于本书给出的主要定理情况 Ⅱ 的分析，当矩阵 D 的最大特征值较大时，$(D-A)$ 的近似误差较小；最后，误差下界的分析可以验证某些算法得到的解是否最优。详细内容见本章的实验部分。因此，研究矩阵低秩逼近问题的误差下界是非常必要的。

本章基于矩阵的广义逆，在酉不变范数 $\|\cdot\|$ 下，当 $\|D\| \geqslant \|A\|$ 或者 $\|D\| \leqslant \|A\|$，在利用矩阵的广义逆分解 $(D^{\dagger}-A^{\dagger})$ 时，分别给出了不同情况下矩阵低秩逼近 $(D-A)$ 的误差下界，其中 $D, A \in \mathbb{C}^{m \times n}$。当扰动项为稀疏矩阵时，通过数值例子本书验证了所给出的误差界。在本章，本书记 A^{H} 为矩阵 A 的共轭转置。下面首先介绍本章需要用到的基本知识。

第一节　酉不变范数

欧几里得空间的一个重要属性是形状和距离在旋转下不会发生改变。特别是对于任意向量 x 和任意酉矩阵 U 都有：

$$\|Ux\|_2 = \|x\|_2$$

谱范数和 Frobenius 范数同样具有类似的性质，即对任意的酉矩阵 U，V，则：

$$\|UAV^H\|_p = \|A\|_p, \quad p = 2, \quad F$$

由于 2-范数（谱范数）在酉不变范数中起着很重要的作用，因此，根据书中需要，本书需介绍如下定理（Berry et al.，1999）。

定理 2.1　设 A，$B \in \mathbb{C}^{m \times n}$，$\| \cdot \|$ 为一类酉不变范数，则：

$$\|AB\| \leq \|A\| \|B\|_2 \tag{2-1}$$

$$\|AB\| \leq \|A\|_2 \|B\| \tag{2-2}$$

此外，如果 $\mathrm{rank}(A) = 1$，则：

$$\|A\| = \|A\|_2$$

根据后文证明需要，本书介绍了正交投影的相关知识。

第二节　正交投影

设 $\mathbb{C}^m$ 和 $\mathbb{C}^n$ 分别是 m 维和 n 复数域上的内积空间，$A \in \mathbb{C}^{m \times n}$ 是 $\mathbb{C}^n$ 到 $\mathbb{C}^m$ 上的线性变换，则本书有以下定义和定理（Stewart & Sun，1990）。

定义 2.1　矩阵 A 的列空间（值域）定义为：

$$\mathcal{R}(A) = \{x \in \mathbb{C}^m \mid x = Ay, \ y \in \mathbb{C}^n\} \tag{2-3}$$

A 的零空间定义为：

$$\mathcal{N}(A) = \{y \in \mathbb{C}^n \mid Ay = 0\} \tag{2-4}$$

此外，记 $\perp$ 为正交补，则：

$$\mathcal{R} = N(A^H)^\perp, \quad \mathcal{N}(A) = \mathcal{R}(A^H)^\perp$$

根据上述定义，很容易给出矩阵 A 的广义逆定义。

定理 2.2 对于矩阵 A 的广义逆，有下述成立：

（1） 如果 $A \in \mathbb{C}^{m \times n}$ 的秩为 n，则 $A^\dagger = (A^H A)^{-1} A^H$，且 $A^\dagger A = I^{(n)}$。

（2） 如果 $A \in \mathbb{C}^{m \times n}$ 的秩为 m，则 $A^\dagger = A^H (AA^H)^{-1}$，且 $AA^\dagger = I^{(m)}$。

为了后面的证明需要，本书列出需要用到的定理（Wedin，1973）。

定理 2.3 对于任意矩阵 A，$P_A = AA^\dagger$ 是到 $\mathcal{R}(A)$ 上的正交投影，$P_{A^H} = A^\dagger A$ 是到 $\mathcal{R}(A^H)$ 上的正交投影，$(I - P_{A^H})$ 是到 $\mathcal{N}(A)$ 上的正交投影。

正交投影在矩阵计算中起着非常重要的作用，例如求解线性系统以及线性最小二乘问题等（Golub & Van，2013；Fierro & Bunch，1995；Ko & Sakkalis，2014；Jia，1999）。对于正交投影的扰动分析，当矩阵 A 与矩阵 D 的秩不相等或相等时，Sun 在其文章中分别给出了相应的误差结果（Sun，1984，2001）。关于正交投影（$P_D - P_A$）的误差界，Chen 等（2016）改进了 Sun 文中的误差结果。

首先考虑 $\mathrm{rank}(A) \neq \mathrm{rank}(D)$ 的情况下的误差界（Chen et al.，2016）。

定理 2.4 设 $D = A + E$，A，$D \in \mathbb{C}^{m \times n}$，且 $\mathrm{rank}(A) = r$，$\mathrm{rank}(D) = s$。则：

$$\|P_D - P_A\| \leqslant \|EA^\dagger\| + \|ED^\dagger\|$$

$$\|P_D - P_A\|_F \leqslant \sqrt{\|EA^\dagger\|_F^2 + \|ED^\dagger\|_F^2}$$

$$\|P_D - P_A\|_2 \leqslant \max\{\|EA^\dagger\|_2, \|ED^\dagger\|_2\}$$

相应地，当 $\mathrm{rank}(A) = \mathrm{rank}(D)$ 时，Chen 等给出了下面的误差结果。

定理 2.5 设 $D = A + E$，A，$D \in \mathbb{C}^{m \times n}$，且 $\mathrm{rank}(A) = \mathrm{rank}(D) = r$。则：

$$\|P_D - P_A\| \leqslant 2\min\{\|A^\dagger\|_2, \|D^\dagger\|_2\}\|E\|$$

$$\|P_D - P_A\| \leqslant \sqrt{2}\min\{\|A^\dagger\|_2, \|D^\dagger\|_2\}\|E\|_F$$

$$\|P_D - P_A\| \leqslant \min\{\|A^\dagger\|_2, \|D^\dagger\|_2\}\|E\|_2$$

值得注意的是，$E^H (B^H)^\dagger = E^H (B^\dagger)^H = (B^\dagger E)^H$，且 $\|(B^\dagger E)^H\| = \|B^\dagger E\|$，因此，根据定理 2.4 和定理 2.5，当 $\mathrm{rank}(A) \neq \mathrm{rank}(D)$ 时，则可以推出酉不变范数下 $(P_{D^H} - P_{A^H})$ 的误差界。

推论 2.1 设 $D = A + E$，A，$D \in \mathbb{C}^{m \times n}$，且 $\mathrm{rank}(A) = r$，$\mathrm{rank}(D) = s$。则：

$$\|P_{D^H} - P_{A^H}\| \leqslant \|A^\dagger E\| + \|D^\dagger E\|$$

$$\|P_{D^H} - P_{A^H}\|_F \leqslant \sqrt{\|A^\dagger E\|_F^2 + \|D^\dagger E\|_F^2}$$

$$\|P_{D^H} - P_{A^H}\|_2 \leqslant \min\{\|A^\dagger E\|_2, \|D^\dagger E\|_2\}$$

相应地，当 $\mathrm{rank}(A) = \mathrm{rank}(D)$，Chen 等（2016）同样给出了酉不变范数下 $(P_{D^H} - P_{A^H})$ 的误差界。

推论 2.2 设 $D = A + E$，A，$D \in \mathbb{C}^{m \times n}$，且 $\mathrm{rank}(A) = \mathrm{rank}(D) = r$。则：

$$P_{D^H} - P_{A^H} \leqslant 2\min\{\|A^\dagger E\|, \|D^\dagger E\|\}$$

$$\|P_{D^H} - P_{A^H}\|_F \leqslant \sqrt{2}\min\{\|A^\dagger E\|_F, \|D^\dagger E\|_F\}$$

$$\|P_{D^H} - P_{A^H}\|_F \leqslant \min\{\|A^\dagger E\|_2, \|D^\dagger E\|_2\}$$

结合酉不变范数下 $(P_D - P_A)$ 和 $(P_{D^H} - P_{A^H})$ 的误差界，Chen 等（2016）给出了混合扰动界。

推论 2.3 设 $D = A + E$，A，$D \in \mathbb{C}^{m \times n}$，且 $\mathrm{rank}(A) = r$，$\mathrm{rank}(D) = s$。则：

$$\|P_D - P_A\|_F^2 + \min\left\{\frac{\|A^\dagger\|_2^2}{\|D^\dagger\|_2^2}, \frac{\|D^\dagger\|_2^2}{\|A^\dagger\|_2^2}\right\}\|P_{D^H} - P_{A^H}\|_F^2 \leqslant (\|A^\dagger\|_2^2 + \|D^\dagger\|_2^2)\|E\|_F^2$$

如果 $r = s$，则：

$$\|P_D - P_A\|_F^2 + \min\left\{\frac{\|A^\dagger\|_2^2}{\|D^\dagger\|_2^2}, \frac{\|D^\dagger\|_2^2}{\|A^\dagger\|_2^2}\right\}\|P_{D^H} - P_{A^H}\|_F^2 \leqslant 2\min\{\|A^\dagger\|_2^2, \|D^\dagger\|_2^2\}\|E\|_F^2$$

且有：

$$\|P_D - P_A\|_F^2 + \|P_{D^H} - P_{A^H}\|_F^2 \leqslant \frac{4\|A^\dagger\|_2^2 \|D^\dagger\|_2^2}{\|A^\dagger\|_2^2 + \|D^\dagger\|_2^2}\|E\|_F^2$$

上述文献内容考虑的是酉不变范数下 $(P_D - P_A)$ 的误差结果，本书介绍本章需要用到的关于正交投影 P_D 与 P_A 乘积的相关不等式（Wedin，1973；Sun，1984）。

引理 2.1 设 $D = A + E$，则投影 P_D，P_A 满足：

$$P_D P_A^\perp = (D^\dagger)^H P_{D^H} E^H P_A^\perp = (P_A^\perp P_D)^H \tag{2-5}$$

因此有：

$$\|P_D P_A^\perp\| \leqslant \|D^\dagger\|_2 \|E\| \tag{2-6}$$

如果 $\mathrm{rank}(A) \leqslant \mathrm{rank}(D)$，则：

$$\|P_D^\perp P_A\| \leqslant \|P_D P_A^\perp\| \tag{2-7}$$

引理 2.2　设 A，$D \in \mathbb{C}^{m \times n}$，$\mathrm{rank}(A) = r$，$\mathrm{rank}(D) = s$，$r \leqslant s$，则存在酉矩阵 $Q \in \mathbb{C}^{m \times m}$ 使得式（2-8）成立，则：

$$QP_A Q^H = \begin{pmatrix} I^{(r)} & 0 & 0 \\ 0 & 0 & 0 \\ 0 & 0 & 0 \end{pmatrix}, \quad QP_D Q^H = \begin{pmatrix} \Gamma_r^2 & 0 & \Gamma_r \Sigma_r \\ 0 & I^{(s-r)} & 0 \\ \Sigma_r \Gamma_r & 0 & \Sigma_r^2 \end{pmatrix} \tag{2-8}$$

其中，$\Gamma_r = \begin{pmatrix} \Gamma_1 & 0 \\ 0 & I^{(r-r_1)} \end{pmatrix}$，$\Sigma_r = \begin{pmatrix} \Sigma_1 & 0 \\ 0 & 0 \end{pmatrix}$，$\Gamma_1 = \mathrm{diag}(\gamma_1, \cdots, \gamma_{r_1})$，$0 \leqslant \gamma_1 \leqslant \cdots \leqslant \gamma_{r_1}$，$\Sigma_1 = \mathrm{diag}(\sigma_1, \cdots, \sigma_{r_1})$，$0 \leqslant \sigma_1 \leqslant \cdots \leqslant \sigma_{r_1}$。此外，$\gamma_i$，$\sigma_i$ 满足 $\gamma_i + \sigma_i = 1$，$i = 1, \cdots, r_1$。

根据引理 2.2，本书给出以下结果。

引理 2.3　设 A，$D \in \mathbb{C}^{m \times n}$，$\mathrm{rank}(A) = r$，$\mathrm{rank}(D) = s$，$r \leqslant s$，则：

$$\|P_A^\perp P_D\| = \|P_D P_A^\perp\| \tag{2-9}$$

证明　因为：

$$P_A^\perp = I - P_A = Q^H \begin{pmatrix} 0 & 0 & 0 \\ 0 & I^{(s-r)} & 0 \\ 0 & 0 & I^{(m-s)} \end{pmatrix} Q \tag{2-10}$$

且有：

$$P_D = Q^H \begin{pmatrix} \Gamma_r^2 & 0 & \Gamma_r \Sigma_r \\ 0 & I^{(s-r)} & 0 \\ \Sigma_r \Gamma_r & 0 & \Sigma_r^2 \end{pmatrix} Q \tag{2-11}$$

因此有式（2-12）、式（2-13）成立。

$$P_A^\perp P_D = Q^H \begin{pmatrix} 0 & 0 & 0 \\ 0 & I^{(s-r)} & 0 \\ \Sigma_r \Gamma_r & 0 & \Sigma_r^2 \end{pmatrix} Q \tag{2-12}$$

$$P_D P_A^\perp = Q^H \begin{pmatrix} 0 & 0 & \Gamma_r \Sigma_r \\ 0 & I^{(s-r)} & 0 \\ 0 & 0 & \Sigma_r^2 \end{pmatrix} Q \tag{2-13}$$

明显可以看出，上式有共同的奇异值，因此 $\|P_A^\perp P_D\| = \|P_D P_A^\perp\|$。

上述理论讨论了 $P_A^\perp P_D$ 与 $P_D P_A^\perp$ 的关系，这对后续主要结论的证明提供了有利条件。为了给出本章的主要结论，本书还需要引入矩阵的广义逆分解（$D^\dagger - A^\dagger$）。

第三节　矩阵的广义逆分解（$D^\dagger - A^\dagger$）

在本节，本书考虑矩阵的广义逆分解（$D^\dagger - A^\dagger$）性质以及广义逆下的扰动理论。

引理 2.4　对于任意矩阵 A，设 $P_A = AA^\dagger$，$P_{A^H} = A^\dagger A$，则：

$$P_A^\perp A = 0, \quad AP_{A^H}^\perp = 0, \quad P_{A^H}^\perp A^H = 0, \quad A^\dagger P_A^\perp = 0 \tag{2-14}$$

证明　根据 $P_A^\perp = I - P_A$，$P_{A^H}^\perp = I - P_{A^H}$，得：

$$P_A^\perp A = (I - P_A)A = A - AA^\dagger A = A - AA^H(AA^H)^{-1}A = 0$$

$$AP_{A^H}^\perp = A(I - P_{A^H}) = A - AA^\dagger A = A - A(A^H A)^{-1}A^H A = 0$$

$$P_{A^H}^\perp A^H = A^H - P_{A^H}A^H = A^H - A^\dagger AA^H = A^H - (A^H A)^{-1}A^H AA^H = 0$$

$$A^\dagger P_A^\perp = A^\dagger(I - P_A) = A^\dagger - A^\dagger AA^\dagger = A^\dagger - (A^H A)^{-1}A^H AA^\dagger = 0$$

因此结论得证。

定理 2.6　设 $D = A + E$，则关于（$D^\dagger - A^\dagger$）的三种不同分解为：

$$D^\dagger - A^\dagger = -A^\dagger E D^\dagger - A^\dagger P_D^\perp + P_{A^H}^\perp D^\dagger \tag{2-15}$$

$$D^\dagger - A^\dagger = -A^\dagger P_A E P_{D^H} D^\dagger - A^\dagger P_A P_D^\perp + P_{A^H}^\perp P_{D^H} D^\dagger \tag{2-16}$$

$$D^\dagger - A^\dagger = -D^\dagger P_D E P_{A^H} A^\dagger + (D^H D)^\dagger P_{D^H} E^H P_A^\perp - P_{D^H}^\perp E P_A (AA^H)^\dagger \tag{2-17}$$

根据引理 2.4，利用 $P_A = AA^\dagger$，$P_{A^H} = A^\dagger A$，$P_A^\perp = I - P_A$，$P_{A^H}^\perp = I - P_{A^H}$，上述表达式很容易得到验证。

在先前的工作中，Wedin（1973）讨论了广义逆下的一般扰动界。基于定理 2.6 中（$D^\dagger - A^\dagger$）的分解，笔者给出了下面的定理。

定理 2.7　设 $D = A + E$，则（$D^\dagger - A^\dagger$）有以下误差界：

$$\|D^\dagger - A^\dagger\| \leqslant \gamma \max\{\|A^\dagger\|_2^2, \|D^\dagger\|_2^2\}\|E\| \tag{2-18}$$

其中，γ 的取值由表 2-1 给出。

表 2-1　不同酉不变范数下 γ 取值情况

$\|\cdot\|$	任意范数	谱范数	F-范数
γ	3	$\dfrac{1+\sqrt{5}}{2}$	$\sqrt{2}$

注 2.1　对于谱范数，根据式（2-15），有 $\gamma = \dfrac{1+\sqrt{5}}{2}$。当 $\|\cdot\|$ 是 F-范数时，根据分解式（2-16），有 $\gamma = \sqrt{2}$。类似地，对于任意酉不变范数，利用式（2-17）可以得到 $\gamma = 3$。

注 2.2　根据定理 2.7，因为 $E = D - A$，事实上，如果 $\mathrm{rank}(A) \leqslant \mathrm{rank}(D)$，则式（2-18）给出了低秩矩阵逼近的误差下界：

$$\|D - A\| \geqslant \frac{\|D^\dagger - A^\dagger\|}{\gamma \max\{\|A^\dagger\|_2^2, \|D^\dagger\|_2^2\}} \tag{2-19}$$

上述是在酉不变范数下关于（$D^\dagger - A^\dagger$）误差界的估计，在后续的小节中，基于定理 2.7，本书给出酉不变范数下关于矩阵低秩逼近（$D - A$）的两个不同的误差界。

第四节 矩阵低秩逼近误差界分析

在本节主要讨论 $\mathrm{rank}(A) \leqslant \mathrm{rank}(D)$ 时低秩矩阵逼近 $(D-A)$ 的误差界。首先从 $(D-A)$ 较弱的误差界出发，进而引出本章的主要结论。

引理 2.5 对于酉不变范数，如果 $\mathrm{rank}(A) \leqslant \mathrm{rank}(D)$，则 $(D-A)$ 的误差满足下面的不等式：

情况 I   若 $\|D\| \geqslant \|A\|$，则：

$$\|D-A\| \geqslant \|D\| - \|A\| - \|D^{\dagger} - A^{\dagger}\| \|D\|_2 \|A\|_2 \tag{2-20}$$

情况 II   若 $\|D\| \leqslant \|A\|$，则：

$$\|D-A\| \geqslant \|A\| - \|D\| - \|D^{\dagger} - A^{\dagger}\| \|D\|_2^2 \tag{2-21}$$

证明 情况 I   因为 $\|D\| \geqslant \|A\|$，则有 $\|D-A\| \geqslant \|D\| - \|A\|$。

根据定理 2.1、引理 2.1 和引理 2.4，可知 $\|AB\| \leqslant \|A\|_2 \|B\|$，$\|P_D^{\perp} P_A\| \leqslant \|P_D P_A^{\perp}\|$，$P_D^{\perp} D = 0$，$A P_{A^H}^{\perp} = 0$，$A^{\dagger} P_A^{\perp} = 0$。因此有：

$$
\begin{aligned}
\|D-A\| \geqslant \|D\| - \|A\| &= \|D\| - \|(P_D + P_D^{\perp})(P_A + P_A^{\perp})A\| \\
&= \|D\| - \|P_D P_A A + P_D^{\perp} P_A A\| \quad (\text{引理 2.4}) \\
&= \|D\| - \|P_D P_A A\| - \|P_D^{\perp} P_A A\| \\
&\geqslant \|D\| - \|A\| - \|P_D^{\perp} P_A\| \|A\|_2 \quad (\text{引理 2.1}) \\
&\geqslant \|D\| - \|A\| - \|P_D P_A^{\perp}\| \|A\|_2 \\
&= \|D\| - \|A\| - \|D(D^{\dagger} - A^{\dagger}) P_A^{\perp}\| \|A\|_2 \\
&= \|D\| - \|A\| - \|D^{\dagger} - A^{\dagger}\| \|D\|_2 \|A\|_2 \quad (\text{定理 2.1})
\end{aligned}
$$

证明 情况 II   因为 $\|D\| \leqslant \|A\|$，则有 $\|D-A\| \geqslant \|A\| - \|D\|$。类似地，根据引理 2.3，以及 $\|P_A^{\perp} P_D\| = \|P_D P_A^{\perp}\|$，因此有：

$$
\begin{aligned}
\|D-A\| \geqslant \|A\| - \|D\| &= \|A\| - \|(P_A + P_A^{\perp})(P_D + P_D^{\perp})D\| \\
&= \|A\| - \|P_A P_D D + P_A^{\perp} P_D D\| \quad (\text{引理 2.4})
\end{aligned}
$$

$$= \|A\| - \|P_A P_D D\| - \|P_A^\perp P_D D\|$$

$$\geq \|A\| - \|D\| - \|P_D^\perp P_A\| \|D\|_2$$

$$\geq \|A\| - \|D\| - \|P_D P_A^\perp\| \|D\|_2 \quad (\text{引理 2.3})$$

$$= \|A\| - \|D\| - \|D (D^\dagger - A^\dagger) P_A^\perp\| \|D\|_2$$

$$\geq \|A\| - \|D\| - \|D^\dagger - A^\dagger\| \|D\|_2^2 \quad (\text{定理 2.1})$$

因此，引理得证。

定理 2.8 设 $D = A + E$，$\mathrm{rank}(A) \leq \mathrm{rank}(D)$，对于酉不变范数 $\|\cdot\|$，$(D-A)$ 的误差分两种情况给出：

情况 I 若 $\|D\| \geq \|A\|$，则：

$$\|D - A\| \geq \frac{\|D\| - \|A\|}{1 + \gamma \max\{\|A^\dagger\|_2^2, \ \|D^\dagger\|_2^2\} \|D\|_2 \|A\|_2} \tag{2-22}$$

情况 II 若 $\|D\| \leq \|A\|$，则：

$$\|D - A\| \geq \frac{\|A\| - \|D\|}{1 + \gamma \max\{\|A^\dagger\|_2^2, \ \|D^\dagger\|_2^2\} \|D\|_2^2} \tag{2-23}$$

其中，γ 的取值由表 2-1 给出。

证明 情况 I 若 $\|D\| \geq \|A\|$，根据定理 2.5 和引理 2.5（式（2-20）），可以推出：

$$\|D\| - \|A\| \leq \|D - A\| + \|D^\dagger - A^\dagger\| \|D\|_2 \|A\|_2$$

$$\leq \|D - A\| + \gamma \max\{\|A^\dagger\|_2^2, \ \|D^\dagger\|_2^2\} \|D - A\| \|D\|_2 \|A\|_2$$

整理得：

$$\|D - A\| \geq \frac{\|D\| - \|A\|}{1 + \gamma \max\{\|A^\dagger\|_2^2, \ \|D^\dagger\|_2^2\} \|D\|_2 \|A\|_2} \tag{2-24}$$

证明 情况 II 类似地，若 $\|D\| \leq \|A\|$，根据定理 2.5 和引理 2.5（式（2-21）），可以推出 $\|A\| - \|D\| \leq \|D - A\| + \|D^\dagger - A^\dagger\| \|D\|_2^2$

$$\leq \|D - A\| + \gamma \max\{\|A^\dagger\|_2^2, \ \|D^\dagger\|_2^2\} \|D - A\| \|D\|_2^2$$

整理得：

$$\|D - A\| \geq \frac{\|A\| - \|D\|}{1 + \gamma \max\{\|A^\dagger\|_2^2, \ \|D^\dagger\|_2^2\} \|D\|_2^2} \tag{2-25}$$

其中 γ 的取值由表 2-1 给出。因此定理 2.8 得证。

基于广义逆（$D^\dagger - A^\dagger$）的不同分解，本节讨论了矩阵低秩逼近问题在不同条件下的酉不变范数误差界。本书给出的误差界在矩阵低秩稀疏分解中非常有意义。当扰动矩阵 E 是稀疏矩阵时，下面的数值算例验证了本书的主要结果。

注 2.3 对于我们的理论结果，本书未能找到如何分析误差下界的"紧性"，这将是学者未来需要考虑的问题之一。但是从本书的主要定理 2.8 中可以看出，如果 $\|D\| = \|A\|$，则有 $\|D-A\| = 0$。然而事实上，对于低秩矩阵逼近问题，观测数据矩阵 D 与低秩逼近矩阵 A 是不可能相等的，因此逼近误差始终存在。此外，当 $\|D\|$ 非常靠近 $\|A\|$ 时，通过数值仿真可以发现，我们得到的误差下界量级非常低，这也就是说通过某些算法，我们可以找到观测矩阵 D 的一个最佳低秩逼近 A。

第五节　数值实验

一、奇异值阈值算法

本章的数值实验结果是通过奇异值阈值算法（Singular Value Thresholding，SVT）（Cai et al.，2009）计算得到的。奇异值阈值算法 SVT 能够有效地求得低秩矩阵逼近的最小秩解，此算法不但易于实施而且能够节省计算时间和存储空间，根据本书需要，奇异值阈值算法 SVT 详细介绍如下。对于带有扰动矩阵 E 的低秩矩阵逼近问题，设观测数据矩阵 $D = A + E$。为了求解矩阵 D 的低秩矩阵逼近，本书可以将问题转化为如下凸优化问题：

$$\min \|A\|_*$$

$$\text{s. t. } \|D-A\|_F \leqslant \varepsilon \tag{2-26}$$

其中，$\|\cdot\|_*$ 记为矩阵的核范数，即矩阵所有奇异值的和。为了求解式 (2-26)，本书还需要介绍软阈值算子 $\mathcal{D}_\tau$ (Cai et al.，2009)，其定义如下：

$$\mathcal{D}_\tau(A) := U \mathcal{D}_\tau(S) V^*, \quad \mathcal{D}_\tau(S) = \text{diag}(\{(\sigma_i-\tau)_+\})$$

其中，$(\sigma_i-\tau)_+ = \max\{0, \sigma_i-\tau\}$。通常，该算子可以有效地将一些奇异值收缩为零，根据 Candes 等 (2011)、Cai 等 (2010) 以及 Tao 和 Yuan (2011) 中的定理，该算子也可以通过元素方式应用于向量和矩阵。

下面的定理说明了软阈值算子在求解优化问题即式 (2-26) 时的作用 (Cai et al.，2010)。

定理 2.9　对每一个 $\tau \geqslant 0$ 和 $W \in \mathbb{R}^{m \times n}$，则阈值算子 $\mathcal{D}_{\tau\,\tau}(\cdot)$ 服从：

$$\mathcal{D}_\tau(W) = \arg\min_A \tau\|A\|_* + \frac{1}{2}\|A-W\|_F^2$$

通过引入拉格朗日乘子 Y，将约束优化问题式 (2-26) 转化为无约束优化问题，因此可以得到拉格朗日函数为：

$$L(A, Y) = \|A\|_* - \langle Y, A-D \rangle + \frac{\tau}{2}\|A-D\|_F^2$$

根据上述拉格朗日乘子函数，则迭代格式如下：

$$\begin{cases} A^{k+1} \in \arg\min_A L(A, Y^k) \\ Y^{k+1} = Y^k - \tau(D-A^{k+1}) \end{cases} \tag{2-27}$$

根据最优性条件，式 (2-27) 等价于：

$$\begin{cases} \mathbf{0} \in \dfrac{1}{\tau}\partial(\|A^{k+1}\|_*) + A^{k+1} - \left(D+\dfrac{1}{\tau}Y^k\right) \\ Y^{k+1} = Y^k - \tau(D-A^{k+1}) \end{cases} \tag{2-28}$$

其中，$\partial(\cdot)$ 为凸函数的次梯度算子。则根据定理 2.9，有迭代解：

$$\begin{cases} A^{k+1} = D_{1/\tau}\left(D+\dfrac{1}{\tau}Y^k\right) \\ Y^{k+1} = Y^k - \tau(D-A^{k+1}) \end{cases} \tag{2-29}$$

根据上述推导，SVT 算法具体执行步骤如表 2-2 所示。

表 2-2　SVT 算法执行步骤

SVT 算法

目的：求解低秩矩阵逼近问题式（2-26）．

输入：观察矩阵 $D=A+E$，参数 τ，$Y^0=\text{zeros}(m, n)$．

While 停止准则未满足，**do**

$A^{k+1}=D_{1/\tau}\left(D+\dfrac{1}{\tau}Y^k\right)$；

$Y^{k+1}=Y^k-\tau\left(D-A^{k+1}\right)$；

$k\leftarrow k+1$．

End while

输出：$A\leftarrow A^{k+1}$．

二、数值仿真

设 $D=A+E$ 为可行数据集，为了方便起见，设矩阵为实的方矩阵。其中矩阵 A 为随机低秩矩阵，稀疏扰动矩阵 E 满足高斯独立同分布。特殊地，矩阵 A 的秩和稀疏扰动矩阵 E 的稀疏度分别选为 $5\%m$ 和 $5\%m^2$。表 2-3 分别给出了误差下界式（2-22）、式（2-23）和式（2-19）的数值结果。其中误差下界式（2-22）和式（2-23）是本书的新结果，式（2-19）可以为先前的结果，那么都经过对比我们发现误差下界式（2-22）和式（2-23）均小于误差下界式（2-19）。

表 2-3　误差下界对比结果

矩阵尺寸	表 2-22 误差下界		表 2-23 误差下界		表 2-19 误差下界	
$m=n$	$\lVert\cdot\rVert_2$	$\lVert\cdot\rVert_F$	$\lVert\cdot\rVert_2$	$\lVert\cdot\rVert_F$	$\lVert\cdot\rVert_2$	$\lVert\cdot\rVert_F$
100	8.13e-7	1.89e-7	1.54e-7	3.31e-7	1.01e-4	1.27e-4
500	5.11e-8	3.71e-8	4.22e-8	4.62e-8	4.23e-4	5.22e-4
1000	3.76e-8	2.14e-8	1.01e-8	1.19e-8	5.57e-4	7.48e-4

三、图像处理应用

本小节考虑低秩矩阵逼近的应用。笔者利用 SVT 算法来处理图像的低秩矩阵逼近问题。图 2-1 和图 2-2 分别是标准测试图像 Cameraman 和 Barbara，其中图（a）为原始图像；图（b）为原始图像丢失掉某些细节的低秩图像；图（c）为低秩图像（b）被稀疏噪声 E 扰动后的图像；图（d）为经过 SVT 算法从图（c）中低秩逼近出来的输出图像。如果记图像（b）为低秩矩阵 A，图像（c）是由图像（b）和稀疏噪声 E 合成的数据矩阵 D，则：

图像（c）= 图像（b）+E

经过 SVT 算法低秩逼近后的输出图像（d）= A_K。

（a）　　　　　　　　　　（b）

（c）　　　　　　　　　　（d）

图 2-1　图像 Cameraman

注：（a）为原始满秩图像（256×256）；（b）为原始图像经过低秩处理后的图像，其秩为 50；（c）为低秩图像（b）50% 的部分被稀疏噪声矩阵 E 随机干扰；（d）为从图像（c）中恢复出来的低秩图像。

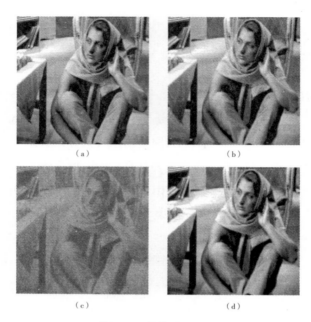

（a）　　　　　　　　　　　（b）

（c）　　　　　　　　　　　（d）

图 2-2　图像 Barbara

注：（a）为原始满秩图像（512×512）；（b）为原始图像经过低秩处理后的图像，其秩为 50；（c）为低秩图像（b）50% 的部分被稀疏噪声矩阵 E 随机干扰；（d）为从图像（c）中恢复出来的低秩图像。

由 SVT 算法低秩逼近后，笔者计算其相应的误差下界，对比结果如表 2-4 所示。从表中可以看出，对于图像 Cameraman 和 Barbara，计算出的 $\|E\|_F = \|D-A\|_F$ 为 8.71e-2 和 7.23e-2。但是对于 F-范数，误差下界式（2-23）计算的结果分别是 2.59e-5 和 1.09e-5。因此可以看出，误差下界可以验证 SVT 算法是否仍可以被改进。从本次实验结果中看出，SVT 算法仍有改进空间。

表 2-4　低秩图像逼近数值结果对比

类目	Cameraman 图像	Barbara 图像
$\|E\|_F$	8.71e-2	7.23e-2
式（2-23）误差下界	2.59e-5	1.09e-5
迭代次数	200	200

第六节 本章小结

矩阵低秩逼近问题在模型选择、系统识别、复杂性理论和光学等许多领域中有着重要的应用。本章首先回顾了矩阵的正交投影 P_D、P_A 以及酉不变范数下正交投影 (P_D-P_A) 的误差界；其次研究了矩阵的广义逆分解 $(D^\dagger-A^\dagger)$ 下的矩阵扰动误差界。

基于矩阵广义逆分解的扰动理论，本章研究了酉不变范数意义下低秩矩阵逼近的扰动理论，通过矩阵低秩逼近的两个较弱的误差界，本章分别给出了 $(D-A)$ 两个较强的误差界。实验结果表明，本章所给的误差界限可以达到非常低的量级。

从定理 2.8 中可以看出，如果 $\|D\|=\|A\|$，则有 $\|D-A\|=0$。然而事实上，对于低秩矩阵逼近问题，观测数据矩阵 D 与低秩逼近矩阵 A 是不可能相等的，因此逼近误差始终存在。此外，从本章的主要结论中我们可以清晰地发现谱范数 $(\|\cdot\|_2)$ 对低秩矩阵逼近的影响，例如，对于情况 II，当矩阵 D 的最大特征值非常大时，则 $(D-A)$ 会较小。

根据低秩矩阵逼近的应用，本章利用 SVT 算法来处理标准图像的低秩逼近问题，表 2-2 的实验结果表明，误差下界式（2-22）、式（2-23）小于误差下界式（2-19）。仿真结果表明得到的误差下界量级非常低，也就是说，我们可以通过算法得到观测数据矩阵 D 的一个最佳低秩逼近矩阵 A。在应用章节，笔者利用 SVT 算法来处理图像的低秩逼近问题。从表 2-3 的数值结果中可分析得到，本章的误差下界可以验证算法的性能是否仍有可提升空间。

在后续工作中，学者可以考虑加权正交投影的扰动理论，以及实矩阵和复矩阵不同情况下低秩矩阵逼近的扰动理论。在实际应用中，除了秩约束之外，对于逼近矩阵通常还存在其他约束，例如非负矩阵逼近和 Hankel 矩阵逼近等。对于将来的工作，学者们还可以研究结构化低秩矩阵逼近问题的扰动理论。

基于受限等距性质的
矩阵低秩稀疏逼近误差分析

第一节　问题的研究背景及模型

一、研究背景

　　稀疏和低秩矩阵恢复在很多领域中都有应用，因此吸引了许多研究者的注意。最近学者们研究了观测数据的稀疏和低秩逼近问题的误差界。在本章，基于受限等距离性质（RIP），本书考虑稀疏低秩矩阵的重构问题。在理想情况下，本书给出了稀疏矩阵精确重构的充分条件，并且相应地给出了噪声情况下稀疏矩阵逼近的误差上界，以及相关鲁棒性质。本章从矩阵低秩稀疏逼近问题更一般的形式出发，即考虑在线性算子下，稀疏矩阵和低秩矩阵的压缩感知模型。线性算子下的矩阵低秩稀疏逼近问题普遍存在于应用数学、科学计算、数值分析和许多其他领域中。例如，稀疏和低秩矩阵逼近可以应用于随机过程（因子分析）、线性系统的低阶实现（Fazel et al.，2001）、欧几里得空间中的低维数据嵌入（Linial et al.，1994）、图像和计算机视觉（Tomasi & Tomasi，1992；Chen & Suter，2004）、生物信息学、背景建模和人脸识别（Wright et al.，2009）、潜在语义索引（Deerwester et al.，1990；Papadimitriou et al.，2000）、机器学习（Abernethy et al.，2006；Argyriou et al.，2007；Amit et al.，2007；Zhang et al.，2014）和控制（Mesbahi & Papavassilopoulos，1997）等。这些数据可能具有数千维度或甚至数十亿维度，并且大量样本可能具有相同或相似的结构，而很多重要的信息存在于一些低维子空间或低维流形中，但会受到一些分量（例如稀疏分量）的干扰。

设观测矩阵 $D \in \mathbb{R}^{m \times n}$ 由下式构成：

$$D = A + E \tag{3-1}$$

其中，$A \in \mathbb{R}^{m \times n}$ 为 D 的低秩成分，$E \in \mathbb{R}^{m \times n}$ 为其稀疏成分。从第一章第四节可知，奇异值分解（SVD）是处理高维数据较好的方法，并且，如果 $\|E\|_F$ 较小，经典的主成分分析（PCA）可以利用 SVD 分解来寻找 A 的最佳秩 r 逼近。

传统的主成分分析 PCA 有许多优点，例如主成分分析（PCA）可以在高斯噪声环境下仍然能够精确重构原始低秩矩阵，因此主成分分析（PCA）在图像的特征提取方面得到了广泛应用。但是，根据第一章分析，当矩阵 E 充分稀疏时，主成分分析（PCA）求得的低秩矩阵 $\hat{A}$ 与真实矩阵 A 的误差会很大，造成这种偏差的主要原因是传统的主成分分析（PCA）针对的是高斯噪声，而不是稀疏噪声。因此，根据数据矩阵 D 的叠加性（即低秩分量 A 和扰动分量 E 的叠加性），在任意量级的稀疏噪声下寻找矩阵 D 的精确低秩逼近以及探讨矩阵低秩分解问题的理论保证是非常必要的。

二、矩阵低秩稀疏分解模型

根据上述讨论我们知道，主成分分析（PCA）在自适应独立同分布（i. i. d.）高斯噪声下可以给出矩阵的最佳低秩估计，但是此方法对异常值非常敏感，即在稀疏噪声环境下的低秩矩阵重构问题中表现不佳。为了弥补这一缺陷，第一章指出鲁棒主成分分析（RPCA）是求解这类问题较好的方法，因为它旨在使主成分分析（PCA）对大的误差值和异常值具有鲁棒性。

假设稀疏矩阵 E 是充分稀疏的（或者我们可以认为它是矩阵 D 的稀疏扰动），Wright（2009）等在文献中证明了在矩阵 E 充分稀疏的情况下，通过求解下面的凸优化问题，可以从 $D=A+E$ 中准确地恢复数据矩阵 D：

$\min_{A,E} \|A\|_* + \lambda \|E\|_1$

s. t.　$D=A+E$ (3-2)

其中，$\|\cdot\|_*$ 代表矩阵的核范数，定义为矩阵的奇异值之和。$\|\cdot\|_1$ 表示矩阵的 ℓ_1 范数，即矩阵中所有元素的绝对值的和。λ 是调节低秩矩阵与稀疏矩阵的正的均衡参数。

这种优化问题称为鲁棒 PCA（RPCA）。从上面的表达式中可以看出鲁棒主成分分析（RPCA）的目的是分别逼近核范数和 ℓ_1 范数下的矩阵 A，E。由于此方法可以精确恢复数据集中的底层低秩分量和稀疏分量，因此鲁棒主成分分析（RPCA）在背景建模、人脸图像中去除阴影和镜面反射（Wright et al.，2009；Candes et al.，2011；Yuan & Tao，2013；Lin et al.，2013；Cai et al.，2010）中有广泛的应用。

最近，Recht（2010）等提出了求解线性等式约束下的低秩矩阵逼近方法及相关理论，文中所提出的方法是感知或重构低秩矩阵的一种有效方式。Recht 等利用线性映射 A：$\mathbb{R}^{m \times n} \rightarrow \mathbb{R}^d$，将未知的低秩矩阵 $A_0 \in \mathbb{R}^{m \times n}$ 映射为满足受限等距离性质（RIP）的情况，之后，通过最小化核规范 $\|A\|_*$ 在约束项 $y=A(A)$ 中来恢复 A_0。Recht 等在文章中表明，在没有噪声的情况下，这种方法可以高概率地精确重构低秩矩阵。其重构概率量级为 $r(m+n)\log(mn)$。

三、本章组织结构

本章从压缩感知的角度出发，考虑更一般的矩阵的低秩和稀疏逼近模型。根据下文式（3-4），研究矩阵的低秩和稀疏重构问题，并探讨在什么条件下可以从不完全、不准确或者含有噪声的观测矩阵中精确重构低秩或稀疏矩阵。因此本章结构组织如下：第一节回顾了低秩矩阵的精确重构模型及相关知识；第二节基于受限等距离（RIP）的证明框架，研究了理想情况下稀疏矩阵的精确恢复特性，并给出了稀疏矩阵精确重构的充分条件；第三节考虑噪声环境下的稀疏矩阵逼近问题，并分析了稀疏矩阵重构的鲁棒性，给出了稀疏矩阵的逼近误差界；第四节通过构造的随机稀疏矩阵，利用经典的增广拉格朗日乘子法（ALM），给出了求解噪声环境下稀疏矩阵的重构结果，并验证了理论结果的正确性；第五节对本章内容进行了总结。

第二节　低秩矩阵与稀疏矩阵的精确重构理论

一、低秩矩阵精确重构理论

本节讨论下面的模型。设 A 为 $\mathbb{R}^{m \times n} \to \mathbb{R}^d$ 的线性映射，A_0 为秩 r 的低秩矩阵。令 $b_1 = A(A_0)$，定义：

$\hat{A} := \arg\min_A F(A)$

s. t. $A(A) = b_1$，$A \in X$ 　　　　　　　　　　　　（3-3）

式（3-3）又可以转换为半定规划（Boyd & Vandenberghe，2003）的格式，并且各种算法可以用于求解此优化问题，具体细节见 Recht 等（2010）以及 Boyd 和 Vandenberghe 的相关文章。

对于理想状态下，我们首先回顾文献 Recht 等（2010）中关于低秩矩阵精确重构的充分条件。第一章的定义 1.3 给出了受限等距离性质（RIP）的具体定义。基于受限等距离条件，第一章的定理 1.2 和定理 1.3 分别给出了受限等距离条件下矩阵低秩逼近解的唯一性保证，即受限等距离（RIP）性质提供了低秩矩阵精确重构的充分条件，并且这个充分条件是由参数 δ_r 来刻画的，并且参数 δ_r 决定了线性映射 A 的性能。

稀疏向量的受限等距离性质（RIP）最初是由 Candes 和 Tao（2004）提出的，并且需要保持欧几里得范数，而第一章的式（1-8）是保 Frobenius 范数，并且用秩来代替了稀疏度。对于线性映射 A：$\mathbb{R}^{m \times n} \to \mathbb{R}^d$，可以写出它的矩阵表达式为 A($A$) = Avec($A$)，其中 A($A$) 是 $d \times mn$ 的矩阵。只要矩阵满足不等式 $d \geqslant c_0 r(m+n)\log(mn)$，则称矩阵满足受限等距离性质（RIP）。具体细节见 Recht 等（2010）文献中的定理 3.2。

二、稀疏矩阵的精确重构理论

第一章的定理 1.2 和定理 1.3 只给出了低秩矩阵精确重构的充分条件，根据可分离凸优化问题，基于受限等距离性质（RIP），下面考虑稀疏矩阵精确重构的充分条件。

为了给出稀疏矩阵逼近的误差界，首先考虑如下优化问题。设 B 为 $\mathbb{R}^{m \times n} \to \mathbb{R}^d$ 的线性映射，E_0 为稀疏度为 s 的矩阵。令 b_2 = B(E_0)，定义：

$$\hat{E}: = \arg\min_E \|E\|_1$$

$$\text{s.t. } \mathrm{B}(E) = b_2, \ E \in Y \tag{3-4}$$

根据上面的优化问题，我们给出以下定理：

定理 3.1　如果 $\delta_{2s} \leqslant 1$，对于常数 $s > 1$，则 E_0 是唯一稀疏度不超过 s，且满足 B(E) = b_2 的矩阵。

证明　假定存在稀疏度为 s 的矩阵 E 满足 B(E) = b_2，且 $E \neq E_0$，则 $Q:=E_0-E$ 是稀疏度不超过 $2s$ 的非零矩阵。又因为 B(Q) = B(E_0) - B(E) = 0，但是由于 $0 = \|\mathrm{B}(Q)\|_2 \geqslant (1-\delta_{2s})\|Q\|_F > 0$，与已知矛盾，因此问题得证。

仿照低秩矩阵的受限等距离（RIP）定义，本章给出了关于稀疏矩阵的受限等距离（RIP）定义。

定义 3.1 设线性映射 B: $\mathbb{R}^{m \times n} \to \mathbb{R}^d$，其中 $m \leqslant n$。对于每一个 s（$1 < s \leqslant mn$），如果存在关于 s 的较小的常数 $0 < \delta_s < 1$ 使得对所有的稀疏度不超过 s 的矩阵 E 都有不等式（3-5）成立，则称线性映射 B 满足受限等距离性质（RIP）。

$$(1-\delta_s)\|E\|_F \leqslant \|B(E)\|_2 \leqslant (1+\delta_s)\|E\|_F \tag{3-5}$$

下面介绍后面需要用到的一个重要引理（Recht et al.，2010）。

引理 3.1 设 A，B 为相同维数的矩阵，则存在矩阵 B_1，B_2 使得：

（1） $B = B_1 + B_2$。

（2） $\text{rank}(B_1) \leqslant 2\text{rank}(A)$。

（3） $AB'_2 = 0$，$A'B_2 = 0$。

（4） $\langle B_1, B_2 \rangle = 0$。

根据上述定义和引理，有如下结论成立。

定理 3.2 如果 $1 < s \leqslant mn$，且 $\delta_{2s} < \dfrac{\sqrt{s}-1}{\sqrt{s}+1}$，则 $\hat{E} = E_0$。

证明 设 $E_0 = E_s + \Delta$，E_0 中所有元素的绝对值按从大到小顺序排列，其中 E_s 为 E_0 中 s 个绝对值较大的非零元构成稀疏矩阵。令 $R = \hat{E} - E_0$，根据引理 3.1，将 R 分解为 $R = R_0 + R_c$，因此有：

$$E_s R'_c = 0, \quad E'_s R_c = 0$$

因为：

$$
\begin{aligned}
\|E_s\|_1 + \|\Delta\|_1 \geqslant \|\hat{E}\|_1 &= \|E_0 + R\|_1 \\
&= \|E_s + \Delta + R_0 + R_c\|_1 \\
&\geqslant \|E_s + R_c\|_1 - \|\Delta\|_1 - \|R_0\|_1 \\
&= \|E_s\|_1 + \|R_c\|_1 - \|\Delta\|_1 - \|R_0\|_1
\end{aligned}
$$

所以：

$$\|R_c\|_1 \leqslant \|R_0\|_1 + 2\|\Delta\|_1 \tag{3-6}$$

根据经典的误差估计方法，将 R_c 分解成若干个稀疏度不超过 s 的矩阵，即 R_1，R_2，$\cdots$，R_i，对于每个 i 定义检索集 $I_i = \{s(i-1)+1, \cdots, si\}$，从这里可以看出 R_1 是由 R_c 中 s 个绝对值较大元素组成的。R_2 是由下一个

R_c 中剩余的 s 个绝对值较大元素组成的，以此类推。根据构造，可有：

$$|R_{pq}|_k \leqslant \frac{1}{s} \sum_{j \in I_i} |R_{pq}|_j \tag{3-7}$$

不等式两边平方再求和得：

$$\sum_{p=1}^{m} \sum_{q=1}^{n} \left| R_{pq} \right|_k^2 \leqslant \left(\frac{1}{s} \sum_{j \in I_i} \sum_{p=1}^{m} \sum_{q=1}^{n} \left| R_{pq} \right|_j \right)^2$$

$$= \left(\frac{1}{s} \sum_{j \in I_i} \|R_j\|_1 \right)^2$$

$$= \frac{1}{s} \|R_{I_i}\|_1^2 \tag{3-8}$$

其中，$k \in I_{i+1}$；$p=1$，$\cdots$，m；$q=1$，$\cdots$，n。因此有：

$$\|R_{I_{i+1}}\|_F^2 \leqslant \frac{1}{s} \|R_{I_i}\|_1^2 \tag{3-9}$$

再根据式（3-6）和式（3-9）可以推出：

$$\sum_{j \geqslant 2} \|R_j\|_F \leqslant \frac{1}{\sqrt{s}} \sum_{j \geqslant 1} \|R_j\|_1$$

$$= \frac{1}{\sqrt{s}} \|R_c\|_1$$

$$\leqslant \frac{1}{\sqrt{s}} (\|R_0\|_1 + 2\|\Delta\|_1) \tag{3-10}$$

因为 E_0 是式（3-4）的可行解，则有：

$$\|E_0\|_1 \geqslant \|\hat{E}\|_1 = \|E_0 + R\|_1$$

$$= \|E_0 + R_0 + R_c\|_1$$

$$\geqslant \|E_0 + R_c\|_1 - \|R_0\|_1$$

$$= \|E_0\| + \|R_c\|_1 - \|R_0\|_1 \tag{3-11}$$

从上式可以看出：

$$\|R_0\|_1 \geqslant \|R_c\|_1 \tag{3-12}$$

根据引理 3.1，R_0 正交于 R_1，因此可以推出 $\|R_0 + R_1\|_1 \geqslant \|R_0\|_1$。利用式（3-10）和式（3-12），三角不等式以及受限等距离性质（RIP），得：

$$
\begin{aligned}
\| \mathcal{B}(R) \|_2 &= \| \mathcal{B}(R_0+R_1) + \sum_{j \geqslant 2} \mathcal{B}(R_j) \|_2 \\
&\geqslant \| \mathcal{B}(R_0+R_1) \|_2 - \| \sum_{j \geqslant 2} \mathcal{B}(R_j) \|_2 \\
&\geqslant (1-\delta_{2s}) \| R_0+R_1 \|_F - (1+\delta_s) \sum_{j \geqslant 2} \| R_j \|_F \\
&\geqslant (1-\delta_{2s}) \| R_0 \|_1 - \frac{(1+\delta_s)}{\sqrt{s}} \| R_0 \|_1
\end{aligned}
\tag{3-13}
$$

要保证不等式（3-13）的右侧是正的，则需：

$$
(1-\delta_{2s}) - \frac{(1+\delta_s)}{\sqrt{s}} > 0
$$

又因为 $\delta_s \leqslant \delta_{2s}$，很容易得到：

$$
\delta_{2s} < \frac{\sqrt{s}-1}{\sqrt{s}+1}
\tag{3-14}
$$

根据假设 $\mathcal{B}(R) = \mathcal{B}(\hat{E}-E_0) = 0$，如果等式右边是严格正的，且 $R_0 = 0$，根据式（3-12）则 $R_c = 0$，因此 $\hat{E} = E_0$。

第三节　噪声环境下低秩与稀疏矩阵的逼近误差估计

一、低秩矩阵的逼近误差估计

本节讨论了含有加性噪声的稀疏矩阵逼近的误差分析。首先考虑含有噪声的低秩矩阵逼近问题：

$$
b_1 = \mathcal{A}(A) + z_1
\tag{3-15}
$$

其中，z_1 是噪声，且 $\| z_1 \|_2 \leqslant \varepsilon_1$。为了重构 A_0，可以求解优化问题：

$$
\min \| A \|_*
$$
$$
\text{s. t.} \quad \| b_1 - \mathcal{A}(A) \|_2 \leqslant \varepsilon_1
\tag{3-16}
$$

根据文献 Boyd 和 Vandenberghe（2003）上式为凸优化问题可以通过半定规划来求解。此处记它的解为 $\hat{A}$。一般情况下，A_0 并不一定是低秩矩阵，但是可以通过截断 SVD 分解将它截断为最佳秩 r 的矩阵。根据优化问题式（3-16），有下面定理成立（Candes et al.，2006）。

定理 3.3 假定 $\delta_{5r} < \dfrac{1}{10}$，则由式（3-16）得到的 $\hat{A}$ 满足：

$$\|\hat{A} - A_0\|_F \leq C_0 \cdot \varepsilon_1 + C \cdot \frac{\|A_0 - A_{0,r}\|_*}{\sqrt{r}} \tag{3-17}$$

其中，C_0，C 为常数，且依赖于较小的等距常数 δ_{5r}。$A_{0,r}$ 为 A_0 的低秩部分。

二、稀疏矩阵的逼近误差估计

为了重构噪声环境下的稀疏矩阵 E，可以考虑问题：

$$b_2 = \mathcal{B}(E) + z_2 \tag{3-18}$$

其中，z_2 为噪声向量，且 $\|z_2\|_2 \leq \varepsilon_2$。我们可以通过求解下面的凸优化问题来重构 E_0，则有：

$$\hat{E} := \arg \min \|E\|_1$$
$$\text{s. t. } \|b_2 - \mathcal{B}(E)\|_2 \leq \varepsilon_2 \tag{3-19}$$

因为式（3-19）含有噪声，经过分析，可得出下面的误差界。

定理 3.4 设 $\Delta = E_0 - E_s$，E_s 为 E_0 中 s 个绝对值较大的非零元构成稀疏矩阵。假定 $1 < s \leq mn$，$\delta_{2s} < \dfrac{\sqrt{s}-1}{\sqrt{s}+1}$，则求解式（3-19）得到的解 $\hat{E}$ 满足：

$$\|\hat{E} - E_0\|_F \leq C_1 \varepsilon_2 + C_2 \|\Delta\|_1 \tag{3-20}$$

其中，

$$C_1 = \frac{4\sqrt{s}}{\sqrt{s}(1 - \delta_{2s}) - (1 + \delta_s)}$$

$$C_2 = \frac{4(1 + \delta_s)}{\sqrt{s}(1 - \delta_{2s}) - (1 + \delta_s)} + 2$$

证明 设 $R=\hat{E}-E_0$，因为 E_0 是式（3-19）的可行解，根据三角不等式有：

$$\|\mathcal{B}(R)\|_2 \leq \|\mathcal{B}(\hat{E})-b_2\|_2 + \|b_2-\mathcal{B}(E_0)\|_2 \leq 2\varepsilon_2 \tag{3-21}$$

再根据不等式（3-10）、式（3-13）和式（3-21），可以推得：

$$2\varepsilon_2 \geq \|\mathcal{B}(R)\|_2 \geq \|\mathcal{B}(R_0+R_1)\|_2 - \|\sum_{j\geq 2}\mathcal{B}(R_j)\|_2$$

$$\geq (1-\delta_{2s})\|R_0+R_1\|_F - (1+\delta_s)\sum_{j\geq 2}\|R_j\|_F$$

$$\geq (1-\delta_{2s})\|R_0\|_1 - \frac{(1+\delta_s)}{\sqrt{s}}(\|R_0\|_1+2\|\Delta\|_1) \tag{3-22}$$

整理得：

$$\|R_0\|_1 \leq \frac{2\varepsilon_2\sqrt{s}}{\sqrt{s}(1-\delta_{2s})-(1+\delta_s)} + \frac{2(1+\delta_s)}{\sqrt{s}(1-\delta_{2s})-(1+\delta_s)}\|\Delta\|_1 \tag{3-23}$$

因此：

$$\|R_0\|_1 \leq C'_1\varepsilon_2 + C'_2\|\Delta\|_1 \tag{3-24}$$

其中，

$$C'_1 = \alpha\sqrt{s}, C'_2 = \alpha(1+\delta_s) \tag{3-25}$$

根据 $\delta_s \leq \delta_{2s}$，$\delta_{2s} < \dfrac{\sqrt{s}-1}{\sqrt{s}+1}$ 得：

$$\alpha = \frac{2}{\sqrt{s}(1-\delta_{2s})-(1+\delta_s)} > 0 \tag{3-26}$$

又因为：

$$\|R\|_F = \|R_0+R_c\|_F$$

$$\leq \|R_0+R_c\|_1$$

$$\leq \|R_0\|_1 + \|R_c\|_1$$

$$\leq 2\|R_0\|_1 + 2\|\Delta\|_1$$

$$\leq 2C'_1\varepsilon_2 + (2C'_2+2)\|\Delta\|_1 \tag{3-27}$$

在不等式（3-27）中，令 $C_1=2C'_1$，$C_2=2C'_2+2$，并将 C'_1，C'_2 分别代入得：

$$C_1 = \frac{4\sqrt{s}}{\sqrt{s}(1-\delta_{2s})-(1+\delta_s)}$$

$$C_2 = \frac{4(1+\delta_s)}{\sqrt{s}(1-\delta_{2s})-(1+\delta_s)}+2$$

因此定理得证。

推论 3.1 设 $\mathcal{B}$: $\mathbb{R}^{m\times n}\to\mathbb{R}^d$ 为线性映射，$R=R_0+R_c$，$\Delta=E_0-E_s$，则：

$$\|\mathcal{B}(R)\|_2 \leqslant 2(1+\delta_{2s})(\|R_0\|_1+\|\Delta\|_1) \tag{3-28}$$

证明 因为：

$$\begin{aligned}
\|\mathcal{B}(R)\|_2 = \|\mathcal{B}(R_0+R_c)\|_2 &\leqslant (1+\delta_{2s})\|R_0+R_c\|_F \\
&\leqslant (1+\delta_{2s})(\|R_0\|_F+\|R_c\|_F) \\
&\leqslant (1+\delta_{2s})(\|R_0\|_1+\|R_c\|_1)
\end{aligned} \tag{3-29}$$

所以，根据式（3-6）可以推出结论。

第四节　数值仿真

本节利用增广拉格朗日乘子法（Augmented Lagrangian Method，ALM）求解噪声环境下稀疏矩阵逼近问题。为了重构噪声环境下的稀疏矩阵 E_0，则考虑问题：

$$E = E_0+Z \tag{3-30}$$

其中，Z 为噪声矩阵，且 $\|Z\|_F\leqslant\varepsilon_2$。我们可以通过求解下面的凸优化问题来重构 E_0：

$$\min\lambda\|E\|_1$$
$$\text{s. t. } \|E-E_0\|_F\leqslant\varepsilon_2 \tag{3-31}$$

式（3-31）的增广拉格朗日函数为：

$$\mathcal{L}_E(E,\ Y) = \lambda\|E\|_1-\langle Y,\ E-E_0\rangle+\frac{\beta}{2}\|E-E_0\|_F^2 \tag{3-32}$$

因此可得经典的增广拉格朗日乘子法的迭代格式为：

$$\begin{cases} E_{k+1}\in\arg\min_E\mathcal{L}(E,\ Y_k) \\ Y_{k+1}=Y^k-\rho(E_{k+1}-E_0) \end{cases} \tag{3-33}$$

根据最优性条件，式（3-33）等价于：

$$\begin{cases} \mathbf{0} \in \dfrac{\lambda}{\beta} \partial(\|E_{k+1}\|_1) + E_{k+1} - \left(E_0 + \dfrac{1}{\beta}Y_k\right) \\ Y_{k+1} = Y_k - \rho(E_{k+1} - E_0) \end{cases} \tag{3-34}$$

其中，$\partial(\cdot)$ 为凸函数的次梯度算子，ρ 为迭代步长。求解式（3-34）需要用到下面的定理（Tao M.，2011）。

定理 3.5 设 $\lambda > 0$，$W \in \mathbb{R}^{m \times n}$，则优化问题 $\min\limits_{E} \lambda\|E\|_1 + \dfrac{1}{2}\|E - W\|_F^2$ 的解为 $\mathcal{S}_\lambda(W) \in \mathbb{R}^{m \times n}$，$\mathcal{S}_\lambda(W)$ 具体定义如下：

$$(\mathcal{S}_\lambda(W))_{ij} := \mathrm{sign}(W_{ij}) \cdot \max\{|W_{ij}| - \lambda, 0\} \tag{3-35}$$

其中，sign 为符号函数。

根据定理 3.5，可以得到迭代解为：

$$E_{k+1} = \mathcal{S}_{\frac{\lambda}{\beta}}\left(E_0 + \frac{\lambda}{\beta}Y_k\right)$$

$$Y_{k+1} = Y_k - \rho(E_{k+1} - E_0) \tag{3-36}$$

综上所述，求解式（3-31）的增广拉格朗日乘子法（ALM）概括如表 3-1 所示。

表 3-1　ALM 算法执行步骤

增广拉格朗日乘子法（ALM）
输入：观测矩阵 E_0，参数 λ，β，ρ. $Y_0 = \mathrm{zeros}(m, n)$
While 收敛准则未满足，**do**
$\quad E_{k+1} = S_{\frac{\lambda}{\beta}}\left(E_0 + \dfrac{\lambda}{\beta}Y_k\right),$
$\quad Y_{k+1} = Y_k - \rho(E_{k+1} - E_0)$
$\quad k \leftarrow k+1$
End while
输出：$E \leftarrow E_{k+1}$.

为了方便起见，数据构造过程中，设 $m = n$。E_0 为随机稀疏矩阵，稀

疏矩阵非零元个数设为 $s=\|E_0\|_0=5\%m^2$（其中 $\|\cdot\|_0$ 表示矩阵中非零元的个数），重构之后的非零元个数为 $s_k=\|E_k\|_0$。噪声矩阵 $Z=\sigma N_0$，其中 N_0 为 Matlab 构造的方差较小的随机高斯矩阵，σ 为控制噪声水平的正参数，并取 $\varepsilon_2=10^{-5}$，$\lambda=\dfrac{1}{\sqrt{m}}$，$\beta=\dfrac{1}{5m}$，$\rho=0.8$。本章利用经典的增广拉格朗日乘子法（ALM）求解稀疏优化问题式（3-31），其中绝对误差和相对误差分别定义如下：

$$\text{Err}=\|E_k-E_0\|_F,\ \text{Rel. Err}=\frac{\text{Err}}{\|E_0\|_F} \tag{3-37}$$

并令：

$$\text{RIP-Bound}=C_1\varepsilon_2+C_2\|\Delta\|_1 \tag{3-38}$$

其中，C_1，C_2 和 Δ 如定理 3.4 所示。

从表 3-2 和表 3-3 中可以看出，当噪声水平分别为 $\sigma=10^{-5}$ 和 $\sigma=10^{-4}$ 时，经过 ALM 算法计算之后，稀疏矩阵 E_0 的非零元基本上可以被完全重构出来；从误差结果上来看，无论稀疏矩阵尺寸 $m=400$，800，或者 1000，$\|E_k-E_0\|_F$ 总会小于 RIP-Bound，这也验证了本书定理 3.4 的正确性，而且从这两个表中还可以看出，当噪声水平 σ 降低时，重构误差 $\|E_k-E_0\|_F$ 和 RIP-Bound 的量级也会随着降低，这说明，噪声水平的高低对稀疏矩阵的近似重构是有影响的。

表 3-2　ALM 算法计算得到的稀疏矩阵结果（Rel. Err $\leqslant 10^{-5}$，$\sigma=10^{-5}$）

m	s	s_k	Err	RIP-Bound
400	8000	8069	1.01e-3	3.71e-3
800	32000	32086	1.99e-3	7.52e-3
1000	50000	50115	2.48e-3	9.51e-3

表 3-3　ALM 算法计算得到的稀疏矩阵结果（Rel. Err $\leqslant 10^{-4}$，$\sigma=10^{-4}$）

m	s	s_k	Err	RIP-Bound
400	8000	8073	1.43e-2	5.26e-2

m	s	s_k	Err	RIP−Bound
800	32000	32098	2.71e−2	5.38e−2
1000	50000	50137	3.37e−2	6.20e−2

第五节　本章小结

本章讨论了稀疏和低秩矩阵的压缩感知问题，经过分析，本章首先给出了理想环境下稀疏矩阵精确重构的充分条件，其次给出了噪声环境下稀疏矩阵逼近的误差上界。

当感知矩阵满足受限等距离（RIP）条件时，对于常数 $s>1$，如果 $\delta_{2s} \leqslant 1$，则 E_0 是唯一稀疏度不超过 s 的且满足 $\mathcal{B}(E) = b_2$ 的矩阵，且如果 $\delta_{2s} < \dfrac{\sqrt{s}-1}{\sqrt{s}+1}$，则可以推出 $\hat{E} = E_0$。另外，在噪声环境下，如果感知矩阵满足受限等距离（RIP）条件，通过最小化矩阵的 ℓ_1 范数，本章分析了优化问题式（3-19）的鲁棒性。当 $\delta_{2s} < \dfrac{\sqrt{s}-1}{\sqrt{s}+1}$ 时，本章给出了噪声环境下稀疏矩阵逼近的误差上界。数值实验部分也验证了本章结论的正确性。

对于将来的研究工作，学者可以从噪声分析角度出发，研究噪声环境下，原始矩阵的哪一部分是不可恢复的；相应的算法设计也将是研究的重点。此外，通过输入/输出测量来识别线性算子和动态系统，还可以探讨具体的应用领域，例如无线信道感知和信息反馈等。

矩阵低秩稀疏分解的
可分离替代函数法

　　本章主要研究求解矩阵低秩稀疏分解的可分离替代函数方法。假设存在观察数据矩阵 D，它可以分解为稀疏矩阵 E 和低秩矩阵 A 的和的形式。本章的主要工作是希望从给定的观察矩阵中单独恢复稀疏分量和低秩分量。基于上一章的凸优化问题线性约束可分离的思想，本章提出了一种不同于其他方法的可分离替代函数法（Separable Surrogate Function，SSF）。此方法是将整体约束项 $A+E=D$ 分成两个约束，并设 $A=A_0$ 和 $E=E_0$，然后在优化问题中对它们分别惩罚。在这种情况下，本章设计了两种迭代方案来求解矩阵低秩稀疏分解问题，理论上给出所提方法的收敛性分析。本章分别对构造的随机实验数据进行数值仿真，结果表明本章所提算法优于已有的算法。将本章的方法应用于天文图像数据和标准灰度测试图像数据，实验结果表明方法是可行的且有效的。

第一节　最优性条件

　　假设观测数据矩阵 $D \in \mathbb{R}^{m \times n}$ 可以分解为两个矩阵之和的形式：

$$D = A_0 + E_0 \qquad\qquad (4-1)$$

其中，$A_0 \in \mathbb{R}^{m \times n}$ 为矩阵 D 的低秩成分，$E_0 \in \mathbb{R}^{m \times n}$ 为 D 的稀疏成分。本章主要研究如何有效地从叠加的观测数据中分离低秩成分和稀疏成分。我们知道，奇异值分解（SVD）是处理高维数据较好的方法。

若 $\|E\|_F$ 较小，则经典的主成分分析（PCA）利用 SVD 分解，通过下面的优化问题寻找到 A 的最佳秩 r 逼近：

$$\min_E \|E\|_F$$

$$\text{s. t.} \quad \text{rank}(A) \leqslant r$$

$$D = A + E \qquad\qquad (4-2)$$

其中，$r \ll \min(m, n)$ 是矩阵的目标维数，$\| \cdot \|_F$ 是 Frobenius 范数。

根据第一章的内容可知，当 E 充分稀疏的时候，主成分分析（PCA）求得的低秩矩阵 $\hat{A}$ 远远偏离其真实值。造成这种偏差的原因是由于传统的主成分分析（PCA）求解的是高斯噪声环境下的低秩矩阵，而不是稀疏噪声环境。而现实中，本书希望能够同时精确且有效地求出低秩矩阵 A 和稀疏矩阵 E。

由于观测数据矩阵 D 是由低秩矩阵 A_0 和稀疏矩阵 E_0 的叠加构成的，为了确保重构原始矩阵 D 或者单独恢复每个分量的精确性，从问题的对偶角度考虑，Chandrasekaran 等（2011）给出了 RPCA 模型下解的唯一性条件。为了方便起见，定理中矩阵 $D \in \mathbb{R}^{m \times m}$ 设为方阵，解的唯一性由下述定理给出（Wright et al.，2009）。

定理 4.1 设 $(A_0, E_0) \in \mathbb{R}^{m \times m} \times \mathbb{R}^{m \times m}$，且有：

$\Omega \doteq \text{supp}(E_0) \subseteq [m] \times [m]$，其中 $m \in \mathbb{Z}_+$，$[m] \doteq \{1, 2, \cdots, m\}$

$A_0 = USV^*$ 表示 A_0 的奇异值分解，Θ 记为酉矩阵 U 的列空间或者 V 的行空间：

$$\Theta \doteq \{UM^* \mid M \in \mathbb{R}^{m \times r}\} + \{MV^* \in \mathbb{R}^{m \times r}\} \subseteq \mathbb{R}^{m \times m}$$

假设 $\|\pi_\Omega \pi_\Theta\|_F < 1$，且存在 $Q \in \mathbb{R}^{m \times m}$ 使得下式成立，则解对 (A_0, E_0) 是式（3-2）的唯一最优解。其中 π_Ω 为到缺失元上的投影，π_Θ 为到子空间 Θ 上的投影。

$$\begin{cases} \left[UV^* + Q \right]_{ij} = \lambda \cdot \text{sign}(E_{0i,j}) , \quad \forall i, j \in \Omega \\ \left| \left[UV^* + Q \right]_{ij} \right| < \lambda , \quad \forall i, j \in \Omega^c \\ U^* Q = 0, \quad QV = 0, \quad \| Q \|_2 < 1 \end{cases}$$

引理 4.1 考虑 $P \in \mathbb{R}^{m \times m}$，$\| P \|_2 = 1$ 且 $\sigma_{\min}(P) < 1$。设 P 的奇异值分解为 $P = \begin{bmatrix} U_1 & U_2 \end{bmatrix} \begin{bmatrix} I & 0 \\ 0 & \Sigma_2 \end{bmatrix} \begin{bmatrix} V_1 & V_2 \end{bmatrix}$，其中 $\| \Sigma_2 \|_2 < 1$。设 $Q \in \mathbb{R}^{m \times m}$ 有从大到小的顺序排列的奇异值分解 $Q = U \Sigma V^*$。则如果 $\langle P, Q \rangle = \| Q \|_*$，有 $U^* U_2 = 0$，$V^* V_2 = 0$。

从问题的对偶角度出发，Wright 等（2009）给出了式（3-2）解的唯一性充分条件。定理 4.1 和引理 4.1 表明通过求解凸优化问题，几乎所有的由低秩矩阵和稀疏矩阵合成的观测矩阵 D 在自然概率下都可以有效地被精确重构出来。当然，前提是需要选择合适的参数 $\lambda > 0$。根据式（3-2）唯一解的最优性条件，对于矩阵 $D \in \mathbb{R}^{m \times m}$，不难计算出 $\lambda = O(m^{-1/2})$。而且 Wright 等声明并不是所有的矩阵都能通过凸优化问题即式（3-2）被成功的重构出来。例如 $\text{rank}(A_0) = 1$ 的情况，设 $U = [e_i]$，$V = [e_j]$，在不加入先验信息的情况下，低秩矩阵 $A_0 = USV^*$ 不能从扰动中精确重构出来。因此，在理论保证下，研究和设计高效算法来恢复 D 的稀疏分量和低秩分量是非常有意义的。

第二节 可分离替代函数策略

本节考虑鲁棒主成分分析的可分离性，即式（3-2）的可分离性，其目的是从式（4-1）中单独恢复低秩矩阵 A_0 和稀疏矩阵 E_0。其中稀疏分量 E_0 可以为任意稀疏矩阵。根据可分离凸函数的性质，式（3-2）可以重写为：

$$\min_{A,E} \|A\|_* + \lambda \|E\|_1$$

s. t. $A+E=A_0+E_0$ (4-3)

本书希望在 A_0 的邻域中找到低秩矩阵 A 使其充分接近 A_0，类似地，为了恢复 D_0，本书同时希望能够在 E_0 的邻域中找到稀疏矩阵 E，使得 $A_0 + E_0 = D_0$。假设 D 是被恢复出来的矩阵，则有下面的一个事实成立：

$$\begin{aligned}
\|D_0 - D\|_F &= \|A_0 - \hat{A} + E_0 - \hat{E}\|_F \\
&\leqslant \|A_0 - \hat{A}\|_F + \|E_0 - \hat{E}\|_F \\
&\leqslant \epsilon_1 + \epsilon_2 = \epsilon
\end{aligned}$$

在约束项 $D=A+E$ 下，凸优化问题式（3-2）的增广拉格朗日函数可以写为：

$$\mathcal{L}_{\mu,\lambda}(A,\ E,\ Y) = \|A\|_* + \lambda \|E\|_1 + \langle Y,\ D-A-E \rangle + \frac{\mu}{2}\|D-A-E\|_F^2 \quad (4-4)$$

其中，Y 是约束项 $D=A+E$ 的拉格朗日乘子项。对于凸优化问题式（4-3），本书将约束项分裂为两个约束，即 $A=A_0$ 和 $E=E_0$，之后再分别做惩罚。这种分裂策略称为可分离替代函数法（SSF），因此其增广拉格朗日函数式（4-4）可以替换为下面的格式：

$$\begin{aligned}
\widetilde{\mathcal{L}}_{\mu,\lambda}(A,\ E,\ Y_A,\ Y_E) &= \|A\|_* + \lambda \|E\|_1 + \langle Y_A,\ A_0-A \rangle + \langle Y_E,\ E_0-E \rangle \\
&\quad + \frac{\mu}{2}(\|A_0-A\|_F^2 + \|E_0-E\|_F^2)
\end{aligned} \quad (4-5)$$

其中，Y_A，$Y_E \in \mathbb{R}^{m \times n}$ 是约束项的拉格朗日乘子项，$\mu > 0$ 是步长参数。显然，经典的求解式（4-5）的增广拉格朗日乘子法迭代格式为：

$$\begin{cases}
A^{k+1} \in \arg\min_A \widetilde{\mathcal{L}}_{\mu,\lambda}(A,\ E^k,\ Y_A^k,\ Y_E^k) \\
E^{k+1} \in \arg\min_E \widetilde{\mathcal{L}}_{\mu,\lambda}(A^{k+1},\ E,\ Y_A^k,\ Y_E^k) \\
Y_A^{k+1} = Y_A^k + \mu(A_0 - A^{k+1}) \\
Y_E^{k+1} = Y_E^k + \mu(E_0 - E^{k+1})
\end{cases} \quad (4-6)$$

从式（4-6）可以看出当 Y_A^k 和 Y_E^k 固定时，A 和 E 是由 $\widetilde{\mathcal{L}}(A,\ E^k,\ Y_A^k,\ Y_E^k)$ 和 $\widetilde{\mathcal{L}}(A^{k+1},\ E,\ Y_A^k,\ Y_E^k)$ 分别来更新的，并且输出 A^k 和 E^k。根据最优性条件，式（4-6）又可以等价于：

$$
\begin{cases}
\mathbf{0} \in \dfrac{1}{\mu} \partial(\,\|A^{k+1}\|_*\,) - \dfrac{1}{\mu} Y_A^k - (A^k - A^{k+1}) \\[2mm]
\mathbf{0} \in \dfrac{\lambda}{\mu} \partial(\,\|E^{k+1}\|_1\,) - \dfrac{1}{\mu} Y_E^k - (E^k - E^{k+1}) \\[2mm]
Y_A^{k+1} = Y_A^k + \mu(A^k - A^{k+1}) \\[2mm]
Y_E^{k+1} = Y_E^k + \mu(E^k - E^{k+1})
\end{cases}
\tag{4-7}
$$

其中，$\partial(\,\cdot\,)$ 为凸函数的次梯度算子。从式（4-7）中可以得到下面两个子问题：

$$
A^{k+1} = \arg \ \min_A \tau \|A\|_* + \frac{1}{2} \left\| A - \left(A^k + \frac{1}{\mu} Y_A^k\right) \right\|_F^2
$$

$$
E^{k+1} = \arg \ \min_E \tau\lambda \|E\|_1 + \frac{1}{2} \left\| E - \left(E^k + \frac{1}{\mu} Y_E^k\right) \right\|_F^2
\tag{4-8}
$$

为了求解式（4-8），需要引入奇异值软阈值算子 $\mathcal{D}_\tau$（Cai et al.，2010），其定义如下：

$$
\mathcal{D}_\tau(A) := U\, \mathcal{D}_\tau(S)\, V^*, \quad \mathcal{D}_\tau(S) = \mathrm{diag}(\{(\sigma_i - \tau)_+\})
$$

其中，$(\sigma_i - \tau)_+ = \max\{0,\ \sigma_i - \tau\}$。通常，该算子可以有效地将一些奇异值收缩为零，根据相关文献（Berry et al.，1999；Cai et al.，2010；Tao & Yuan，2011）中的定理，该算子也可以通过元素方式应用于向量和矩阵。根据奇异值阈值算子，则有以下定理成立。

定理 4.2　对每一个 $\tau \geq 0$ 和 $W \in \mathbb{R}^{m \times n}$，则阈值算子 $\mathcal{D}_\tau(\,\cdot\,)$ 服从：

$$
\mathcal{D}_\tau(W) = \arg \min_A \tau \|A\|_* + \frac{1}{2} \|A - W\|_F^2
$$

定理 4.3　对每一个 τ，$\lambda \geq 0$ 和 $W \in \mathbb{R}^{m \times n}$，则阈值算子 $\mathcal{S}_{\tau\lambda}(\,\cdot\,)$ 服从：

$$
\mathcal{S}_{\tau\lambda}(W) = \arg \min_E \tau\lambda \|E\|_1 + \frac{1}{2} \|E - W\|_F^2
$$

其中，$\mathcal{S}_{\tau\lambda}(W)$ 的第 $(i,\ j)$ 个元素为 $\mathrm{sign}(W_{ij}) \cdot \max\{|W_{i,j}| - \tau\lambda,\ 0\}$，sign 为符号函数。

基于定理 4.2 和定理 4.3，优化问题式（4-8）的最优解为：

$$A^{k+1} = \mathcal{D}_{\frac{1}{\mu}}\left(A^k + \frac{1}{\mu}Y_A^k\right)$$

$$E^{k+1} = \mathcal{S}_{\frac{\lambda}{\mu}}\left(E^k + \frac{1}{\mu}Y_E^k\right) \tag{4-9}$$

与式（4-4）相比，本章设法将原始函数 $\mathcal{L}$ 更改为新的函数 $\tilde{\mathcal{L}}$，以便得到全局最优解。目标函数的这种改变取决于矩阵 A_0 和 E_0 的选择。在第 $(k+1)$ 次的迭代中，使用赋值 $A_0 = A^k$ 和 $E_0 = E^k$ 来替代最小化函数 $\tilde{\mathcal{L}}$。为了与原矩阵 D 建立联系，需要在 Y_A^{k+1} 和 Y_E^{k+1} 中令 $D - E^k = A^k$，$D - A^k = E^k$。因此，迭代策略可以表示为：

$$\begin{cases} A^{k+1} = \mathcal{D}_{\frac{1}{\mu}}\left(D - E^k + \frac{1}{\mu}Y_A^k\right) \\ E^{k+1} = \mathcal{S}_{\frac{\lambda}{\mu}}\left(D - A^k + \frac{1}{\mu}Y_E^k\right) \\ Y_A^{k+1} = Y_A^k + \mu(D - A^{k+1} - E^k) \\ Y_E^{k+1} = Y_E^k + \mu(D - E^{k+1} - A^k) \end{cases} \tag{4-10}$$

上述方法可以解释为临近点迭代阈值算法（Proximal Point Iterative Thresholding，PPIT），如表4-1所示。虽然 PPIT 算法设计和计算都非常简单，但是需要非常大的迭代步数才能达到收敛，并且很难选择合适的步长 μ_k 来加速算法，因此它的适用性有限。Bertsekas（1982）提出了求解约束优化问题的非精确增广拉格朗日方法（Inexact Augmented Lagrangian Multipliers，IALM）。对于式（4-3），本章利用 IALM 方法来改进 PPIT 算法。

设 $Y_A^0 = D/J(D)$，其中 $J(D) = \max\left\{\|D\|_2, \frac{1}{\lambda}\|D\|_\infty\right\}$，$\|\cdot\|_\infty$ 表示矩阵中绝对值最大的元素。μ_k 由下式更新：

$$\mu_{k+1} = \begin{cases} \rho\mu_k, & \text{如果 } \min\{\mu_k, \sqrt{\mu_k}\}\|E_{k+1} - E_k\|_F / \|D\|_F < \varepsilon \\ \mu_k, & \text{其他} \end{cases} \tag{4-11}$$

其中，$\rho > 1$，更多收敛分析细节详见 Lin 等（2013）的相关研究。

为了求解式（4-3），基于 IALM 的可分离替代函数法可以通过表4-2给出。

优化问题式（4-3）是线性可分离凸优化问题，且惩罚参数 μ 可以灵活调整，基于参数的算法收敛性以及动态参变量的有效调整方法，详细内容可参考 Yuan 和 Yang（2013）、Chan 等（2015）的相关文章。

表 4-1　PPIT 算法执行步骤

临近点迭代阈值算法（PPIT）

目的：求解问题式（4-3）

输入：观测矩阵 $D = A_0 + E_0$，输入参数 λ，μ，$Y_A^0 = Y_E^0 = \text{zeros}(m, n)$

 While 停止准则未满足，**do**

 $(U, S, V) = \text{svd}\left(D - E^k + \dfrac{1}{\mu} Y_A^k\right)$,

 $A^{k+1} = U \mathcal{D}_{\frac{1}{\mu}}(S) V^*$.

 $E^{k+1} = \mathcal{S}_{\frac{\lambda}{\mu}}\left(D - A^{k+1} + \dfrac{1}{\mu} Y_E^k\right)$.

 $Y_A^{k+1} = Y_A^k + \mu(D - A^{k+1} - E^k)$,

 $Y_E^{k+1} = Y_E^k + \mu(D - E^{k+1} - A^k)$.

 $k \leftarrow k+1$.

 End while

输出：$A \leftarrow A^{k+1}$，$E \leftarrow E^{k+1}$.

表 4-2　SSF-IALM 算法执行步骤

SSF-IALM

目的：求解问题（4-3）

输入：观测矩阵 $D = A_0 + E_0$，输入参数

 λ，$\mu_0 > 0$，$\rho > 1$，$Y_A^0 = D / J(D)$，$Y_E^0 = \text{zeros}(m, n)$

 While 停止准则未满足，**do**

 $A^{k+1} = \arg\min_A \widetilde{L}_{\mu, \lambda}(A, E, Y_A^k, Y_E^k, \mu_k)$,

 $(U, S, V) = \text{svd}\left(D - E^k + \dfrac{1}{\mu_k} Y_A^k\right)$,

$$A^{k+1} = U \mathcal{D}_{\frac{1}{\mu_k}}(S) V^*.$$

$$E^{k+1} = \arg\min_E \widetilde{\mathcal{L}}_{\mu,\lambda}(A^{k+1}, E, Y_A^k, Y_E^k, \mu_k),$$

$$E^{k+1} = \mathcal{S}_{\frac{\lambda}{\mu_k}}\left(D - A^{k+1} + \frac{1}{\mu_k}Y_E^k\right).$$

$$Y_A^{k+1} = Y_A^k + \mu_k(D - A^{k+1} - E^k),$$

$$Y_E^{k+1} = Y_E^k + \mu_k(D - E^{k+1} - A^k).$$

$$\mu_k \leftarrow \mu_{k+1}.$$

End while

输出：$A \leftarrow A^{k+1}$，$E \leftarrow E^{k+1}$.

第三节 收敛性分析

一、PPIT 算法的收敛性分析

本节首先考虑 PPIT 算法的收敛性，并从理论上证明该算法是全局收敛的。为了证明方便，设：

$$F_{\mu,\lambda}(A, E) = \widetilde{\mathcal{L}}_{\mu,\lambda}(A, E, Y_A, Y_E) - \langle Y_A, A_0 - A \rangle - \langle Y_E, E_0 - E \rangle$$

$$= \|A\|_* + \lambda\|E\|_1 + \frac{\mu}{2}\|A - A_0\|_F^2 + \frac{\mu}{2}\|E - E_0\|_F^2 \qquad (4-12)$$

根据表达式（4-12），有以下结论成立。

引理 4.2 设 $(Z_A, Z_E) \in \partial F_{\tau,\lambda}(A, E)$，$(Z'_A, Z'_E) \in \partial F_{\tau,\lambda}(A', E')$。则下列不等式成立：

$$\langle Z_A - Z'_A, A - A' \rangle + \langle Z_E - Z'_E, E - E' \rangle \geqslant \|A - A'\|_F^2 + \|E - E'\|_F^2$$

证明　因为 $(Z_A,\ Z_E)\in\partial F_{\tau,\lambda}(A,\ E)$，$(Z'_A,\ Z'_E)\in\partial F_{\tau,\lambda}(A',\ E')$，则：

$$\begin{cases} Z_A\in\tau\partial(\|A\|_*)+A-A_0 \\ Z'_A\in\tau\partial(\|A'\|_*)+A'-A_0 \end{cases}$$

根据核范数的次梯度，则有：

$$\begin{cases} Z_A=\dfrac{1}{\mu}(UV^*+Q)+A-A_0 \\ Z'_A=\dfrac{1}{\mu}(U'V'^*+Q')+A'-A_0 \end{cases}$$

其中，$A=USV^*$ 是 A 的奇异值分解，则 $U^*Q=0$，$QV=0$，以及 $\|Q\|_2\leqslant$ 1。类似地，可以得到关于 U'，V'，Q' 的表达式 Z'_A。根据此事实，则有：

$$\begin{aligned} \langle UV^*+Q,\ A\rangle &=\langle UV^*,\ A\rangle+\langle Q,\ A\rangle \\ &=\langle UV^*,\ USV^*\rangle+\langle Q,\ USV^*\rangle \\ &=\mathrm{tr}[\,VU^*USV^*\,]=\mathrm{tr}[\,S\,]=\|A\|_* \end{aligned} \tag{4-13}$$

$$\langle U'V'^*+Q',\ A'\rangle=\|A'\|_* \tag{4-14}$$

根据以上推导得：

$$\begin{aligned} \langle Z_A-Z'_A,\ A-A'\rangle &=\langle\tau\ (UV^*+Q-U'V'^*-Q')+A-A_0-A'+A_0,\ A-A'\rangle \\ &=\tau\langle UV^*+Q-U'V'^*-Q',\ A-A'\rangle+\|A-A'\|_F^2 \\ &=\tau(\|A\|_*+\|A'\|_*-\langle UV^*+Q,A'\rangle-\langle U'V'^*+Q',\ A\rangle) \\ &\quad +\|A-A'\|_F^2 \end{aligned} \tag{4-15}$$

又因为：

$$|\langle UV^*+Q,\ A'\rangle|\leqslant\|UV^*+Q\|_2\|A'\|_*\leqslant\|A'\|_* \tag{4-16}$$

同样可以推出：

$$|\langle U'V'^*+Q',\ A\rangle|\leqslant\|A\|_* \tag{4-17}$$

结合式（4-14）、式（4-15）和式（4-16），则有：

$$\langle Z_A-Z'_A,\ A-A'\rangle\geqslant\|A-A'\|_F^2 \tag{4-18}$$

类似地，有 $Z_E=\tau\lambda T+E-E_0$，其中：

$$\begin{cases} T_{ij}=\mathrm{sign}([E-E_0]_{ij}),\ [E-E_0]_{ij}\neq 0 \\ T_{ij}\in[-1,\ 1],\ [E-E_0]_{ij}=0 \end{cases}$$

因此可以推出：

$$\langle Z_E - Z'_E, E-E' \rangle = \langle \tau\lambda(T-T') + E - E_0 - E' + E_0, E-E' \rangle$$

$$= \tau\lambda(T-T', E-E') + \|E-E'\|_F^2$$

$$= \tau\lambda(\langle T, E \rangle + \langle T', E' \rangle - \langle T, E' \rangle - \langle T', E \rangle) + \|E-E'\|_F^2$$

$$= \tau\lambda(\|E\|_1 + \|E'\|_1 - \langle T, E' \rangle - \langle T', E \rangle) + \|E-E'\|_F^2$$

又根据 $|\langle T, E' \rangle| \le \|E'\|_1$ 以及 $|\langle T', E \rangle| \le \|E\|_1$，因此可以证明：

$$\langle Z_E - Z'_E, E-E' \rangle \ge \|E-E'\|_F^2$$

结合式（4-17）和式（4-18），引理得证。

定理 4.4 如果对所有的 $k \in \mathbb{Z}^+$，$0 < \mu < 1$，则由 PPIT 算法得到的序列 (A^k, E^k) 收敛到唯一的全局最优解。

证明 假设 $(\hat{A}, \hat{E})$ 是式（4-3）的最优解，$\hat{Y}_A$，$\hat{Y}_E$ 分别是约束项 $A = A_0$，$E = E_0$ 的拉格朗日乘子项，则根据式（4-7），则有：

$$\begin{cases} \mathbf{0} \in \dfrac{1}{\mu}\partial(\|A^k\|_*) - \dfrac{1}{\mu}Y_A^{k-1} - (A^{k-1} - A^k) \\ \mathbf{0} \in \dfrac{\lambda}{\mu}\partial(\|E^k\|_1) - \dfrac{1}{\mu}Y_E^{k-1} - (E^{k-1} - E^k) \end{cases} \qquad (4-19)$$

因此存在 $(Z_A, Z_E) \in \partial\widetilde{\mathcal{L}}_{\mu,\lambda}(\hat{A}, \hat{E})$ 和 $(Z_A^k, Z_E^k) \in \partial\widetilde{\mathcal{L}}_{\mu,\lambda}(A^k, E^k)$ 使得下式分别成立：

$$Z_A - \frac{1}{\mu}\widehat{Y_A} = 0, \quad Z_E - \frac{1}{\mu}\widehat{Y_E} = 0$$

$$Z_A^k - \frac{1}{\mu}Y_A^{k-1} = 0, \quad Z_E^k - \frac{1}{\mu}Y_E^{k-1} = 0$$

根据上述表达式，则有：

$$Y_A^{k-1} - \hat{Y}_A = \mu(Z_A^k - Z_A)$$

$$Y_E^{k-1} - \hat{Y}_E = \mu(Z_E^k - Z_E)$$

因此利用引理 4.2 可以推出：

$$\langle A^k - \hat{A}, Y_A^{k-1} - \widehat{Y_A} \rangle = \mu\langle A^k - \hat{A}, Z_A^k - Z_A \rangle \ge \mu\|A^k - \hat{A}\|_F^2$$

$$\langle E^k - \hat{E}, Y_E^{k-1} - \widehat{Y_E} \rangle = \mu\langle E^k - \hat{E}, Z_E^k - Z_E \rangle \ge \mu\|E^k - \hat{E}\|_F^2$$

根据式（4-7）和 $A_0 = A^{k-1}$，$E_0 = E^{k-1}$，则：

$$\begin{cases} Y_A^k = Y_A^{k-1} + \mu(A_0 - A^k) \\ Y_E^k = Y_E^{k-1} + \mu(E_0 - E^k) \end{cases}$$

因为 $(\hat{A}, \hat{E})$ 是式（4-3）的最优解，则有下式成立：

$$\begin{aligned} \| Y_A^k - \widehat{Y_A} \|_F^2 &= \| Y_A^{k-1} - \widehat{Y_A} + \mu(A_0 - A^k) \|_F^2 \\ &\leqslant \| Y_A^{k-1} - \widehat{Y_A} \|_F^2 + 2\mu \langle \hat{A} - A^k, Y_A^{k-1} - \widehat{Y_A} \rangle + \mu^2 \| A^k - \hat{A} \|_F^2 \\ &= \| Y_A^{k-1} - \widehat{Y_A} \|_F^2 - 2\mu \langle A^k - \hat{A}, Y_A^{k-1} - \widehat{Y_A} \rangle + \mu^2 \| A^k - \hat{A} \|_F^2 \\ &\leqslant \| Y_A^{k-1} - \widehat{Y_A} \|_F^2 - 2\mu \| A^k - \hat{A} \|_F^2 + 2\mu^2 \| A^k - \hat{A} \|_F^2 \end{aligned}$$

$$\begin{aligned} \| Y_E^k - \widehat{Y_E} \|_F^2 &= \| Y_E^{k-1} - \widehat{Y_E} + \mu(E_0 - E^k) \|_F^2 \\ &\leqslant \| Y_E^{k-1} - \widehat{Y_E} \|_F^2 + 2\mu \langle \hat{E} - E^k, Y_E^{k-1} - \widehat{Y_E} \rangle + \mu^2 \| E^k - \hat{E} \|_F^2 \\ &= \| Y_E^{k-1} - \widehat{Y_E} \|_F^2 - 2\mu \langle E^k - \hat{E}, Y_E^{k-1} - \widehat{Y_E} \rangle + \mu^2 \| E^k - \hat{E} \|_F^2 \\ &\leqslant \| Y_E^{k-1} - \widehat{Y_E} \|_F^2 - 2\mu \| E^k - \hat{E} \|_F^2 + 2\mu^2 \| E^k - \hat{E} \|_F^2 \end{aligned}$$

因此，如果 $0 < \mu < 1$，则序列 $\| Y_A^k - \widehat{Y_A} \|_F$ 和序列 $\| Y_E^k - \widehat{Y_E} \|_F$ 是非增的，且当 $k \to +\infty$ 时，序列收敛到 0，因此序列 $\| A^k - \hat{A} \|_F$ 和序列 $\| E^k - \hat{E} \|_F$ 收敛到 0。

从定理 4.4 中可以发现，如果序列 $\{Y_A^k\}$ 和序列 $\{Y_E^k\}$ 是非增的，则算法 PPIT 收敛。后面的实验验证了该性质，而且如果选择的参数 μ 充分靠近 1，则 PPIT 算法收敛速度加快。

二、SSF–IALM 算法的收敛性分析

对于算法 SSF-IALM，本节给出了其收敛速率为 $O\left(\dfrac{1}{\mu_k}\right)$。该结论的证明需要用到下面的定理。

定理 4.5　设 $\mathcal{H}$ 为希尔伯特空间（Hilbert Space），相应的范数为 $\| \cdot \|$，且 $y \in \partial \| x \|$，其中 $\partial f(x)$ 为 $f(x)$ 的次梯度。如果 $x \neq 0$，则 $\| y \|^* = 1$，且如果 $x = 0$，则 $\| y \|^* \leqslant 1$，其中 $\| \cdot \|^*$ 是 $\| \cdot \|$ 的对偶范数。

根据定理 4.5，可以证明引理 4.3 成立。

引理4.3 由算法 SSF-IALM 生成的拉格朗日乘子序列 $\{Y_A^{k+1}\}$，$\{Y_E^{k+1}\}$ 有界。

证明 根据 A^{k+1} 和 E^{k+1} 的最优性，则有：

$$\begin{cases} \mathbf{0} \in \partial \widetilde{\mathcal{L}}_A(A^{k+1}, E^{k+1}, Y_A^k, Y_E^k, \mu_k) \\ \mathbf{0} \in \partial \widetilde{\mathcal{L}}_E(A^{k+1}, E^{k+1}, Y_A^k, Y_E^k, \mu_k) \end{cases} \tag{4-20}$$

式（4-20）等价于：

$$\begin{cases} \mathbf{0} \in \dfrac{1}{\mu_k}\partial(\|A^{k+1}\|_*) - \dfrac{1}{\mu_k}Y_A^k - (A_0 - A^{k+1}) \\ \mathbf{0} \in \dfrac{\lambda}{\mu_k}\partial(\|E^{k+1}\|_1) - \dfrac{1}{\mu_k}Y_E^k - (E_0 - E^{k+1}) \end{cases} \tag{4-21}$$

因为：

$$\begin{cases} Y_A^{k+1} = Y_A^k + \mu_k(A_0 - A^{k+1}) \\ Y_E^{k+1} = Y_E^k + \mu_k(E_0 - E^{k+1}) \end{cases} \tag{4-22}$$

则有：

$$\begin{cases} Y_A^{k+1} \in \partial(\|A^{k+1}\|_*) \\ Y_E^{k+1} \in \partial(\|E^{k+1}\|_1) \end{cases} \tag{4-23}$$

由于 $\|\cdot\|_*$ 和 $\|\cdot\|_1$ 的对偶范数分别是 $\|\cdot\|_2$ 和 $\|\cdot\|_\infty$（Recht et al.，2010；Cai et al.，2010），因此，根据定理 4.5，由算法 SSF-IALM 生成的序列 $\{Y_A^{k+1}\}$ 和 $\{Y_E^{k+1}\}$ 是有界的。

基于上述定理和引理，本章给出了算法 SSF-IALM 的收敛速率。

定理4.6 设：

$$X = (A, E), f(X) = \|A\|_* + \lambda\|E\|_1 \tag{4-24}$$

则对于算法 SSF-IALM 生成的 (A^{k+1}, E^{k+1}) 序列的任意聚点 (A^*, E^*) 是式 4-3 的最优解，且收敛速率至少为 $\mathcal{O}\left(\dfrac{1}{\mu_k}\right)$，即：

$$|f(X^{k+1}) - f(X^*)| = \mathcal{O}\left(\dfrac{1}{\mu_k}\right) \tag{4-25}$$

其中，$f(X^*)$ 是式（4-3）的最优值。

证明　根据拉格朗日函数式（4-5），则有：

$$\widetilde{\mathcal{L}}_{\mu,\lambda}(A^{k+1},\ E^{k+1},\ Y_A^k,\ Y_E^k,\ \mu_k) = \|A^{k+1}\|_* + \lambda\|E^{k+1}\|_1$$

$$+ \langle Y_A^k,\ A_0 - A^{k+1}\rangle + \langle Y_E^k,\ E_0 - E^{k+1}\rangle$$

$$+ \frac{\mu_k}{2}(\|A_0 - A^{k+1}\|_F^2 + \|E_0 - E^{k+1}\|_F^2) \qquad (4-26)$$

根据最优性条件，则有：

$$\widetilde{\mathcal{L}}_{\mu,\lambda}(A^{k+1},\ E^{k+1},\ Y_A^k,\ Y_E^k,\ \mu_k) = \min_{A,E}\widetilde{\mathcal{L}}_{\mu,\lambda}(A,\ E,\ Y_A^k,\ Y_E^k,\ \mu_k)$$

$$\leqslant \min_{A+E=A_0+E_0}\widetilde{\mathcal{L}}_{\mu,\lambda}(A,\ E,\ Y_A^k,\ Y_E^k,\ \mu_k)$$

$$= \min_{A+E=A_0+E_0}(\|A\|_* + \lambda\|E\|_1) = f(X^*) \qquad (4-27)$$

利用式（4-22），则：

$$\langle Y_A^k,\ A_0 - A^{k+1}\rangle + \frac{\mu_k}{2}\|A_0 - A^{k+1}\|_F^2$$

$$= \frac{1}{\mu_k}\langle Y_A^k,\ Y_A^{k+1} - Y_A^k\rangle + \frac{1}{2\mu_k}\|Y_A^{k+1} - Y_A^k\|_F^2$$

$$= \frac{1}{2\mu_k}(\|Y_A^{k+1}\|_F^2 - \|Y_A^k\|_F^2) \qquad (4-28)$$

类似地，则有：

$$\langle Y_E^k, E_0 - E^{k+1}\rangle + \frac{\mu_k}{2}\|E_0 - E^{k+1}\|_F^2 = \frac{1}{2\mu_k}(\|Y_E^{k+1}\|_F^2 - \|Y_E^k\|_F^2) \qquad (4-29)$$

根据式（4-26）、式（4-28）和式（4-29），则有：

$$f(X^{k+1}) = \|A^{k+1}\|_* + \lambda\|E^{k+1}\|_1$$

$$= \widetilde{\mathcal{L}}_{\mu,\lambda}(A^{k+1}, E^{k+1}, Y_A^k, Y_E^k, \mu_k) - [\langle Y_A^k, A_0 - A^{k+1}\rangle + \frac{\mu_k}{2}\|A_0 - A^{k+1}\|_F^2$$

$$+ \langle Y_E^k, E_0 - E^{k+1}\rangle + \frac{U_k}{2}\|E_0 - E^{k+1}\|_F^2]$$

$$= \widetilde{\mathcal{L}}_{\mu,\lambda}(A^{k+1}, E^{k+1}, Y_A^k, Y_E^k, \mu_k) - \frac{1}{2\mu_k}[(\|Y_A^{k+1}\|_F^2 - \|Y_A^k\|_F^2)$$

$$+ (\|Y_E^{k+1}\|_F^2 - \|Y_E^k\|_F^2)]$$

$$\leqslant f(X^*) - \frac{1}{2\mu_k}\big[\,(\,\|Y_A^{k+1}\|_F^2 - \|Y_A^k\|_F^2) + (\|Y_E^{k+1}\|_F^2 - \|Y_E^k\|_F^2)\,\big] \quad (4-30)$$

再根据引理 4.3, 利用序列 $\{Y_A^{k+1}\}$ 和序列 $\{Y_E^{k+1}\}$ 的有界性, 则有:

$$f(X^{k+1}) - f(X^*) \leqslant \mathcal{O}\!\left(\frac{1}{\mu_k}\right) \quad (4-31)$$

令 $k \to +\infty$, 则有:

$$f(X^{k+1}) \leqslant f(X^*) \quad (4-32)$$

根据式 (4-22) 以及序列 $\{Y_A^{k+1}\}$ 和序列 $\{Y_E^{k+1}\}$ 的有界性, 令 $k \to +\infty$, 则有:

$$A^* + E^* = A_0 + E_0 \quad (4-33)$$

因此, (A^*, E^*) 是式 (4-3) 的最优解。

根据 $f(X^*)$ 的最优性以及范数的三角不等式, 则有:

$$\begin{aligned}
f(X^{k+1}) &= \|A^{k+1}\|_* + \lambda\|E^{k+1}\|_1 \\
&\geqslant \|A^*\|_* + \lambda\|E^*\|_1 - (\|A_0 - A^{k+1}\|_* + \|E_0 - E^{k+1}\|_1) \\
&= f(X^*) - \frac{1}{\mu_k}(\|Y_A^{k+1} - Y_A^k\|_* + \|Y_E^{k+1} - Y_E^k\|_1) \quad (4-34)
\end{aligned}$$

因此可以推出:

$$f(X^{k+1}) - f(X^*) \geqslant \mathcal{O}\!\left(\frac{1}{\mu_k}\right) \quad (4-35)$$

结合式 (4-31) 和式 (4-35), 结论得证。

第四节　数值实验

在本节中, 通过设计的数值实验来验证本章所提算法的可行性及有效性。下面本章将从三种情况来验证算法性能: 一是精确恢复稀疏低秩矩阵; 二是测试算法抗噪声的能力; 三是算法的实际应用。所有实验在 Windows 7 系统和 MATLAB v7.8 (R2009a) 上运行。电脑硬件配置为 Intel

Core TM i5-3470，CPU 频率为 3.2GHz，内存为 4GB。为了对比所提方法的有效性，本章引入了迭代阈值（Iterative Thresholding，IT）算法（Wright et al.，2009）。IT 算法求解的是凸优化问题即式（3-2），其优化模型如下：

$$\min_{A,E} \|A\|_* + \lambda \|E\|_1 + \frac{\mu}{2}\|A\|_F^2 + \frac{\mu}{2}\|E\|_F^2$$

s.t. $D = A + E$ 　　　　　　　　　　　　　　　　　　　　　　（4-36）

通过引入拉格朗日乘子 Y，将约束优化问题式（4-36）转化为无约束优化问题，因此可以得到拉格朗日函数为：

$$\mathcal{L}(A,\ E,\ Y) = \|A\|_* + \lambda \|E\|_1 + \langle Y,\ D-A-E \rangle + \frac{\mu}{2}(\|A\|_F^2 + \|E\|_F^2)$$

IT 算法的详细过程如表 4-3 所示。

表 4-3　IT 算法执行步骤

迭代阈值算法（IT）
目的：求解问题式（3-2）
输入：观测矩阵 $D = A_0 + E_0$，输入参数 λ，τ，$Y^0 = \text{zeros}(m,\ n)$
While 停止准则未满足，**do**
$(U,\ S,\ V) = \text{svd}(Y^k)$，
$A^{k+1} = U\,\mathcal{D}_{\tau\frac{1}{\mu}}(S)\,V^*.$
$E^{k+1} = \mathcal{S}_{\frac{\lambda}{\mu}}(Y^k).$
$Y^{k+1} = Y^k + \mu(D - A^{k+1} - E^{k+1})$，
$k \leftarrow k+1.$
End while
输出：$A \leftarrow A^{k+1}$，$E \leftarrow E^{k+1}.$

一、低秩稀疏矩阵的精确重构

1. 实施细节

设 $D = A_0 + E_0$ 为观测数据，其中 E_0 和 A_0 分别是需要精确重构的原始稀疏矩阵和低秩矩阵。下面通过实验来说明 SSF-IALM 算法和 PPIT 算法对随机生成的矩阵的重构效率。为了简单起见，本章将示例限制为方阵。构造的低秩矩阵 A_0 符合高斯独立同分布，且 E_0 为脉冲稀疏矩阵，其非零元统一选取为 $[\pm\max(A(:))]$。此外，矩阵非零元的个数设为 $5\%m^2$，输出矩阵为 A^k，E^k。

2. 参数选取

对于 PPIT 算法和 IT 算法，设 $\lambda = \dfrac{1}{\sqrt{m}}$，$\tau = 5m$，$\mu = 0.8$。对于 SSF-IALM 算法和 IALM 算法，设 $\lambda = \dfrac{1}{\sqrt{m}}$，$\mu_0 = 1.25/\|D\|_2$，$\rho = 1.5$。对于噪声情况下 $\rho = 1.1$。μ_k 由式（4-11）来更新，$\varepsilon = 10^{-4}$。相对误差定义为：

$$\text{Rel. Err} = \frac{\|D - A^k - E^k\|_F}{\|D\|_F} \tag{4-37}$$

当以 Rel. Err $\leq 10^{-5}$ 作为停止标准时，表 4-4 展示了算法的简要对比结果。

从表 4-4 中可以看到 SSF-IALM 算法、IALM 算法、PPIT 算法和 IT 算法都能在相对稳定的迭代步骤下停止，但从时间消耗角度来看，SSF-IALM 算法和 PPIT 算法有很好的优势。例如，SSF-IALM 算法恢复一个矩阵尺寸为 800×800，秩为 40 的矩阵时，CPU 运行了不到 7 秒的时间，当矩阵尺寸为 1000×1000，秩为 50 时，此算法仅用了 11.87 秒，而 PPIT 算法可以比以前的 IT 算法快五倍以上。随着 m 的增加，重构误差小于 IALM 算法和 IT 算法。

表 4-4　矩阵低秩稀疏分解的算法对比结果

算法	m	$\dfrac{\|A^k-A_0\|_F}{\|A_0\|_F}$	Rank(A^k)	$\dfrac{\|E^k-E_0\|_F}{\|E_0\|_F}$	$\|E^k\|_0$	时间（秒）
SSF-IALM	400	5.06e-5	20	9.50e-5	8000	0.42
IALM	400	5.36e-5	20	9.84e-5	8000	0.36
PPIT	400	1.42e-4	20	6.22e-5	8316	10.38
IT	400	1.58e-4	20	6.56e-5	8235	30.55
SSF-IALM	800	4.45e-5	40	5.96e-5	32000	6.72
IALM	800	5.26e-5	40	9.67e-5	32000	6.07
PPIT	800	1.53e-4	40	5.64e-5	32897	71.71
IT	800	1.56e-4	40	5.89e-5	32636	425.30
SSF-IALM	1000	4.52e-5	50	6.43e-5	50000	11.87
IALM	1000	5.18e-5	50	9.53e-5	50000	10.71
PPIT	1000	1.52e-4	50	5.62e-5	51274	177.11
IT	1000	1.56e-4	50	5.70e-5	50905	1008.03

　　应用 PPIT 算法，当矩阵选取不同维度时，本节验证了相对误差变化趋势。

　　在本次测试中，设迭代次数为 100 即 *Iterations* = 100 作为停止标准。为了清楚地展示所做的实验结果，相对误差由 semilogy（Rel. Err）给出，其中 semilogy 为 Matlab 的绘图函数。从图 4-1 中可以发现一个有趣的现象，空间维度越大，Rel. Err 越小。原因是交替迭代法在其初始迭代中具有更快的收敛性，因此在前 20 个迭代步数，通过算法能够得到可接受的近似解。对于 1000×1000 的矩阵，图 4-2 显示了不同算法获得的 Rel. Err 结果。相互比较发现，本书设计的方法收敛速度较快。

　　对于尺寸为 800×800 的矩阵，本节还验证了算法重构稀疏低秩矩阵的性能。图 4-3（a）描述了随着迭代变化，矩阵 A^k 的秩的变化结果。从图中可以发现一个有趣的现象，即在设计的实验中，A^k 的秩是非递减的，并且在迭代最后几步，秩达到最大后不在发生变化，这说明本书设计的算法能够有效地恢复矩阵的目标秩。对于稀疏矩阵 E_0，非零元的数量被设置为

$5\%m^2$。图 4-3（b）展示了矩阵的稀疏性的变化趋势，同样可以看出，E 中的非零元个数达到目标值后不再变动，并趋于稳定。

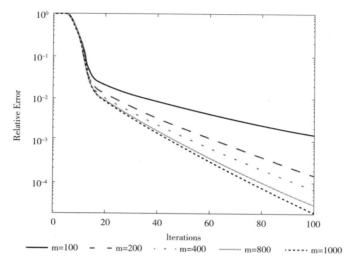

图 4-1　不同矩阵维数下的稀疏低秩分解的相对误差

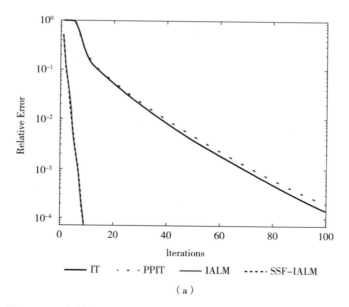

（a）

图 4-2　不同算法计算得到的稀疏低秩分解的相对误差对比情况

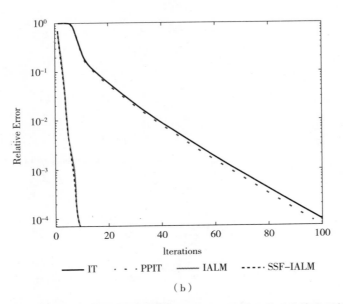

（b）

图 4-2 不同算法计算得到的稀疏低秩分解的相对误差对比情况（续）

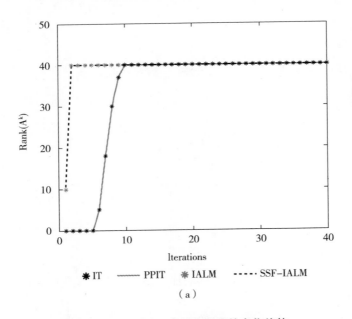

（a）

图 4-3 A^k 的秩和 E^k 的非零元的变化趋势

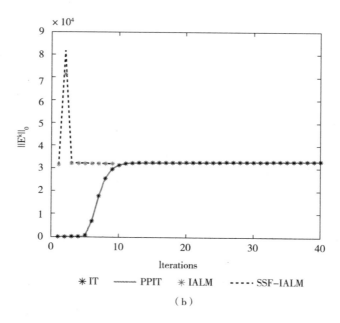

（b）

图 4-3 A^k 的秩和 E^k 的非零元的变化趋势（续）

3. 算法重构能力评估

本节通过随机数据实验来说明算法随着稀疏度和秩同时变化时的重构能力。具体来说，设 $m = n = 100$，通过算法对比来检测秩和稀疏度（r, spr）相互影响下算法的性能。这里稀疏比定义为：

$$spr = \frac{number\text{-}of\text{-}non\text{-}zero\text{-}entries}{\mathrm{m}^2} \times 100\% \tag{4-38}$$

对于每一对（r, spr），SSF-IALM 算法运行 15 步，采用以下相对误差：

$$\text{Relative Error} = \frac{\|(A^k,\ E^k) - (A_0, E_0)\|_F}{\|(A_0,\ E_0)\|_F} \tag{4-39}$$

当秩（r）从 1 变化到 40，稀疏比（spr）从 1%变化到 40%时，图 4-4 说明了误差的变化趋势。

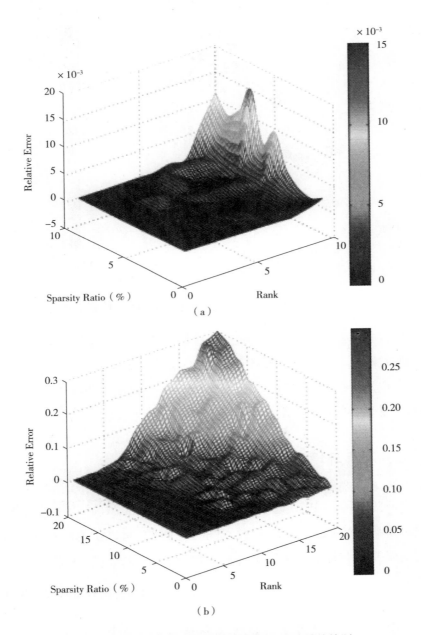

图 4-4　秩和稀疏比相互变化下的算法重构性能检测

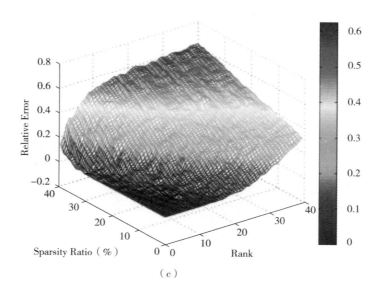

（c）

图 4-4　秩和稀疏比相互变化下的算法重构性能检测（续）

图 4-4 显示了当 E_0 的稀疏比和 A_0 的秩适当小时的算法重构的精确性。具体来说，对于脉冲稀疏矩阵，如果取 $(r, spr) = (10, 10\%)$，所得的相对误差小于 10^{-3}。当 $r \leqslant 5$，稀疏度（spr）高于 30% 时，应用 SSF-IALM 算法求得的相对误差仍然很小。

二、噪声环境下的重构实验

在一些实际应用中，大多数数据矩阵不是完全低秩的，因为 A_0 的奇异值是可压缩的而不是完全稀疏的，对于 $D = A + E$，可以认为矩阵 D 是通过将稀疏误差和小而密集的噪声（高斯噪声）添加到完全低秩的矩阵 A_0 上，即：

$$D = A_0 + E_0 + N_0 \tag{4-40}$$

其中，N_0 是由较小方差的元素构成的高斯矩阵。Candes 和 Recht（2009）在文献中指出，式（4-40）可以通过求解稍微修改的半定规划，利用有关算法，在噪声环境下稳定地重构低秩矩阵，例如可以从以下松弛的凸优化问题求解 A 和 E。

$$\min_{A,E} \|A\|_* + \lambda \|E\|_1$$
$$\text{s.t.} \quad \|D-A-E\|_F^2 \leq \epsilon^2 \tag{4-41}$$

其中，ϵ 是 $\|N_0\|_F$ 的噪声上界。

1. 实施细节

令 $D = A_0 + E_0 + N_0$ 是含有噪声的观测数据，其中 E_0 和 A_0 分别是希望重构的原始稀疏矩阵和低秩矩阵。N_0 是一个附加到完全低秩矩阵 A_0 上的小而密集的高斯噪声。将 N_0 构造为：

$$N_0 = \sigma \cdot N$$

σ 是控制噪声水平的较小的正参数。N 是由 Matlab 随机生成的高斯矩阵。

在实验中，设 $\sigma = 10^{-3}$，停机准则为 Rel. Err $\leq 10^{-4}$。

表 4-5　噪声环境下矩阵低秩稀疏分解的算法对比结果（Rel. Err $\leq 10^{-4}$，$\sigma = 10^{-3}$）

算法	m	$\dfrac{\|A^k - A_0\|_F}{\|A_0\|_F}$	Rank(A^k)	$\dfrac{\|E^k - E_0\|_F}{\|E_0\|_F}$	$\|E^k\|_0$	时间（秒）
SSF-IALM	400	4.43e-4	20	3.07e-4	8000	1.18
IALM	400	6.80e-4	20	4.17e-4	8000	1.13
PPIT	400	1.62e-3	20	5.72e-4	8241	9.24
IT	400	1.65e-3	20	5.85e-4	8176	24.43
SSF-IALM	800	1.58e-4	40	3.18e-4	32000	4.82
IALM	800	7.07e-4	40	5.18e-4	32000	4.47
PPIT	800	1.56e-3	40	5.66e-4	32655	58.06
IT	800	1.61e-3	40	5.70e-4	32477	338.35
SSF-IALM	1000	4.12e-4	50	2.93e-4	50000	9.52
IALM	1000	7.03e-4	50	4.27e-4	50000	9.16
PPIT	1000	1.55e-3	50	6.03e-4	51015	103.06
IT	1000	1.60e-3	50	6.08e-4	50774	835.10

表 4-5 给出了噪声水平为 $\sigma=10^{-3}$ 时的计算结果。SSF-IALM 算法只需不超过 12 次的迭代就能达到收敛。与 IT 算法相比，本章的算法使用的时间最少，通过算法输出的 A^k 和 E^k 的相对误差也小于 IALM 算法和 IT 算法，而且随着矩阵尺寸的增大，本章设计的算法优于已有的算法。

当噪声水平 $\sigma=10^{-2}$ 时，设 Rel. Err $\leqslant 10^{-3}$ 为停机准则，表 4-6 显示了通过 SSF-IALM、IALM、PPIT 算法和 IT 算法得到的对比结果。如表 4-6 所示，注意到，当矩阵尺寸为 800×800，秩为 40 时，SSF-IALM 算法仅需要不到 4 秒的时间。而当 $m=1000$，秩为 50，SSF-IALM 算法仅需要 6.73 秒即可达到收敛准则。从表 4-6 中还可以看出这样一个变化趋势，当 $m=1000$ 甚至 $m=2000$ 时，由本章设计的算法计算出的稀疏和低秩矩阵的重建误差均小于 IALM 算法和 IT 算法。因此，本章设计的算法优于已有算法。

表 4-6　噪声环境下矩阵低秩稀疏分解的算法对比结果（Rel. Err $\leqslant 10^{-3}$，$\sigma=10^{-2}$）

算法	m	$\dfrac{\|A^k-A_0\|_F}{\|A_0\|_F}$	Rank(A^k)	$\dfrac{\|E^k-E_0\|_F}{\|E_0\|_F}$	$\|E^k\|_0$	时间（秒）
SSF-IALM	400	1.26e-3	20	2.45e-3	8000	0.75
IALM	400	3.22e-3	20	5.07e-3	8000	0.66
PPIT	400	1.65e-2	20	5.46e-3	8231	7.07
IT	400	1.69e-2	20	5.61e-3	8171	16.05
SSF-IALM	800	1.02e-2	40	1.73e-3	32000	3.04
IALM	800	3.08e-3	40	5.26e-3	32000	2.78
PPIT	800	1.62e-2	40	5.87e-3	32685	35.27
IT	800	1.69e-2	40	5.98e-3	32485	191.03
SSF-IALM	1000	3.14e-3	50	4.92e-3	50000	6.73
IALM	1000	4.31e-3	50	5.12e-3	50000	6.22
PPIT	1000	1.73e-2	50	6.05e-3	50977	59.33
IT	1000	1.78e-2	50	6.10e-3	50706	407.76
SSF-IALM	2000	3.47e-3	100	5.27e-3	200000	13.97
IALM	2000	4.36e-3	100	5.64e-3	200000	13.21

续表

算法	m	$\dfrac{\|A^k-A_0\|_F}{\|A_0\|_F}$	Rank(A^k)	$\dfrac{\|E^k-E_0\|_F}{\|E_0\|_F}$	$\|E^k\|_0$	时间（秒）
PPIT	2000	1.61e-2	100	5.82e-3	203352	466.45
IT	2000	1.69e-2	100	5.95e-3	202419	3385.75

2. 重构能力评估

下面通过变化的秩和变化的稀疏比来评估算法在噪声环境下的重构性能。具体来讲，设 $m=n=100$，测试（r, spr）变化下的相对误差，其中分解问题大致从易到难。spr 的定义见式（4-38），相对误差定义见式（4-39）。对于每对（r, spr），SSF-IALM 算法运行 15 次迭代。以下结果表明对于秩 r 从 1 到 20 变化，spr 在不同的噪声水平下从 1%到 20%变化下SSF-IALM 算法的可恢复性，如图 4-5、图 4-6 所示。

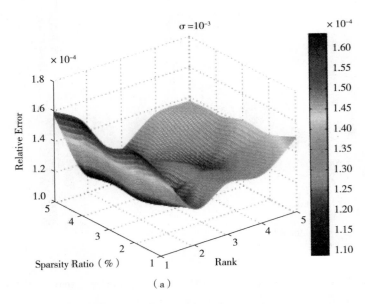

（a）

图 4-5　噪声环境下秩和稀疏比相互变化下的算法重构性能检测（$\sigma=10^{-3}$）

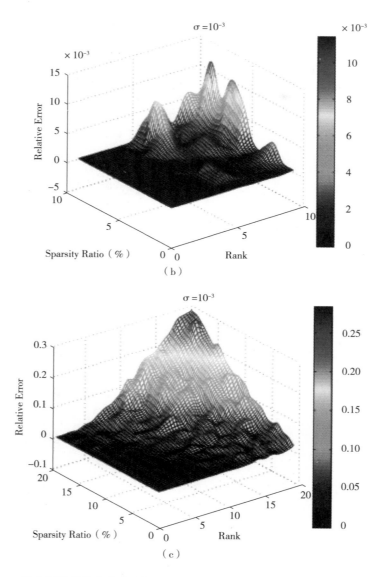

图 4-5 噪声环境下秩和稀疏比相互变化下的算法重构性能检测（$\sigma=10^{-3}$）（续）

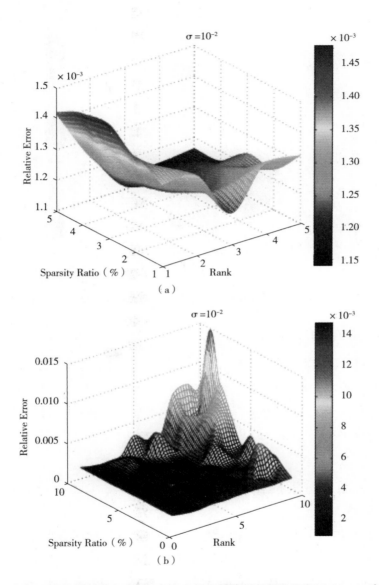

图 4-6　噪声环境下秩和稀疏比相互变化下的算法重构性能检测（$\sigma = 10^{-2}$）

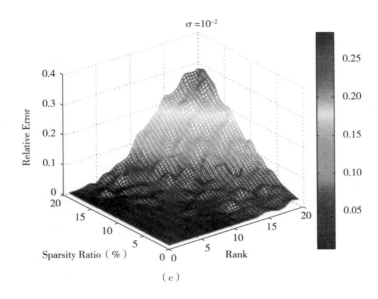

图4-6 噪声环境下秩和稀疏比相互变化下的算法重构性能检测（$\sigma = 10^{-2}$）（续）

从图4-5和图4-6中可以看出，当 E_0 的稀疏比和 A_0 的秩非常小时，矩阵重构精度很高。具体来讲，对于脉冲稀疏矩阵，当秩和稀疏比取（5，5%）时，相对误差小于 10^{-3}。当 r 很小时，例如 $r \leqslant 5$，spr 为10%，或者 r 为10，$spr \leqslant 5\%$ 时，由算法 SSF-IALM 得到的相对误差可以达到一个可以接受的量级。

三、图像分解应用

下面给出算法的相关实际应用。本实验所选取的图像尺寸不是方的，且背景变化平稳的太空图像作为实验对象，一个是 Leo Triplet 图像，尺寸大小 500×340；另一个是 Andromeda Galaxy 图像，尺寸大小为 506×550。通过 PPIT 算法对太空图像进行稀疏低秩分解。另外，利用设计的算法对标准灰度图像做了实验对比。本节相对误差定义见式（4-39），并且参数设置如上文所述。

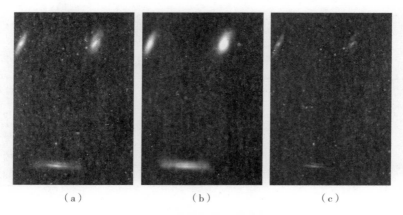

（a） （b） （c）

图 4-7 Leo Triplet 测试图像

注：（a）为原始的满秩图像；（b）为原始图像矩阵分解后得到的低秩图像；（c）为原始图像矩阵分解后得到的稀疏图像。

（a） （b） （c）

图 4-8 Andromeda Galaxy 测试图像

注：（a）为原始的满秩图像；（b）为原始图像矩阵分解后得到的低秩图像；（c）为原始图像矩阵分解后得到的稀疏图像。

从原始图像中可以看到，光学波长范围在图像的背景中具有显著的结构。这些结构是平滑的，并且在整个图像上有显著的变化。通常，这样的天文图像具有两个主要部分，即天体和背景。为了说明所提出的方法，本节通过 PPIT 算法对天体和背景进行精确的定量分析。

从图中可以看出，对应于明亮物体的像素是天文图像的稀疏分量，整个图像的纯背景像素数据对应于天文图像的低秩分量，应用 SSF-IALM 算法和 PPIT 算法，低秩图像可以有效地从整个观察图像像素中提取出来。本次实验，迭代步数设为 200。图 4-7 和图 4-8 表示稀疏和低秩数据矩阵分解的效果图。表 4-7 是关于天文图像分解的数值结果。

表 4-7　太空图像经过低秩稀疏分解得到的数值结果

算法	图像	Rank(A^k)	$\|E^k\|_0$	Rel. Err	时间（秒）
SSF-IALM	Leo Triplet	37	34088	7.4e-3	13.46
	Andromeda Galaxy	192	86946	5.1e-3	27.14
PPIT	Leo Triplet	46	36527	4.1e-2	25.66
	Andromeda Galaxy	229	108980	6.7e-3	42.38

图 4-9 至图 4-12 给出了标准灰度图像的测试结果。其中，图 4-9 至图 4-12 中所有的（a）为原始图像，（b）为原图像矩阵变为低秩后的图像，（c）为加入稀疏噪声的图像，（d）为通过 SSF-IALM 算法重构得到的低秩图像。表 4-8 中给出了具体的数值结果。从实验结果中可以看出，本章的方法能够将图像矩阵的低秩成分和稀疏成分成功地分解开来，而且数值结果反映了本章方法的有效性。其中峰值信噪比 PSNR 定义如下：

$$PSNR = 10 \times \log_{10} \left(\frac{(2^m - 1)}{\|A_0 - A^k\|_F^2} \right)^2$$

表 4-8　标准测试图像的稀疏低秩分解数值结果

算法	类目	House 图像	Cameraman 图像	Barbara 图像	Lena 图像
SSF-IALM	PSNR（dB）	31.0023	27.9162	36.0371	33.9328
	时间（秒）	5.2094	4.4927	24.5702	27.4576
IALM	PSNR（dB）	30.2852	27.8099	35.8923	32.6796
	时间（秒）	4.3559	3.1428	14.4251	15.0922
PPIT	PSNR（dB）	27.8572	26.6352	29.3222	29.3482
	Time（s）	11.7447	11.6799	63.2049	62.7493
IT	PSNR（dB）	27.8156	26.5336	29.2797	29.2324
	时间（秒）	10.0765	12.0763	62.4902	57.0524

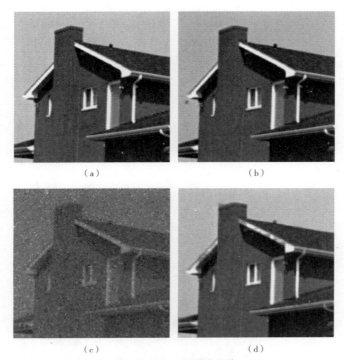

（a）　　　　　　　　　　　（b）

（c）　　　　　　　　　　　（d）

图 4-9　House 测试图像

注：（a）为原始的满秩图像；（b）为原始图像矩阵截断后秩为 30 的图像；（c）为低秩图像矩阵（b）加入稀疏噪声后的图像；（d）为经过 SSF-IALM 算法重构后的低秩图像。

（a）　　　　　　　　　　　（b）

图 4-10　Cameraman 测试图像

（c）　　　　　　　　　　　　（d）

图 4-10　Cameraman 测试图像（续）

注：（a）为原始的满秩图像；（b）为原始图像矩阵截断后秩为 30 的图像；（c）为低秩图像矩阵图（b）加入稀疏噪声后的图像；（d）为经过 SSF-IALM 算法重构后的低秩图像。

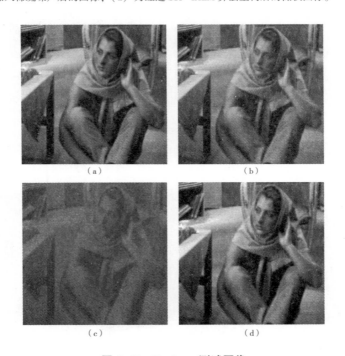

（a）　　　　　　　　　　　　（b）

（c）　　　　　　　　　　　　（d）

图 4-11　Barbara 测试图像

注：（a）为原始的满秩图像；（b）为原始图像矩阵截断后秩为 50 的图像；（c）为低秩图像矩阵图（b）加入稀疏噪声后的图像；（d）为经过 SSF-IALM 算法重构后的低秩图像。

图 4-12 Lena 测试图像

注：（a）为原始的满秩图像；（b）为原始图像矩阵截断后秩为 50 的图像；（c）为低秩图像矩阵图（b）加入稀疏噪声后的图像；（d）为经过 SSF-IALM 算法重构后的低秩图像。

第五节 本章小结

主成分分析（PCA）是分析高维数据的有效技术，且应用范围广泛，例如网络搜索数据分析、生物信息数据分析以及计算机视觉和图像处理等。然而，实际观测数据会受到外界因素的干扰或者损坏，因此在噪声环境下，主成分分析法（PCA）对数据的分析会产生较大的误差。而鲁棒主成分分析（RPCA）很好地克服了这一缺点。

本章考虑了从损坏的观察值 $D=A+E$ 中恢复低秩矩阵 A 的理想化鲁棒主成分分析问题。基于核范数（$\|\cdot\|_*$）和 ℓ_1 范数（$\|\cdot\|_1$）最小化问题，

研究了矩阵低秩稀疏分解模型，并提出了求解优化问题式（4-3）的可分离替代函数法（SSF）。根据凸优化问题可分离的思想设计了 SSF-IALM 算法和 PPIT 算法来求解此问题。这两个算法容易实现且求得的解是全局最优的，并且在计算成本和存储需求方面都有不错的效果。

本章还给出了算法的收敛性分析。在实验部分，由于交替迭代法在其初始迭代中具有更快的收敛性，因此在前 20 次迭代中就可以达到收敛点。此外，通过实验可以发现当 $m=1000$，甚至当 $m=2000$ 时，由本章的方法计算得到的稀疏和低秩矩阵的逼近误差，即 $\dfrac{\|A^k-A_0\|_F}{\|A_0\|_F}$，$\dfrac{\|E^k-E_0\|_F}{\|E_0\|_F}$ 都小于 IALM 和 IT 算法计算得到的误差。从运行时间方面考虑，在相同的条件下，无论如何选择噪声水平 σ，IT 算法的计算均比本章算法高。因此，PPIT 算法优于 IT 算法，SSF-IALM 算法优于 IALM 算法。

在将来的工作中，学者可以根据以上噪声模型，考虑模型的稳定性，估计噪声环境下矩阵低秩稀疏分解的误差界。本章研究的是非结构约束的矩阵逼近问题。后期可以研究结构矩阵低秩逼近问题。比如 A 可以设为带有结构约束的低秩矩阵（如 Hankel 矩阵、Sylvester 矩阵、Toeplitz 矩阵等），E 是符合高斯独立同分布的稀疏噪声矩阵。那么，能否在此稀疏噪声的干扰下寻找一个具有某一结构属性的低秩矩阵来近似逼近观测矩阵 D 呢？问题的数学模型可以描述如下：

$\min_A \|A\|_* + \lambda \|D-A\|_1$

s. t. $A \in \mathcal{S}$

其中，$\mathcal{S}$ 为结构矩阵集合。如果考虑稀疏矩阵 E 的结构属性，则可以研究下面的优化模型：

$\min_{A,E} \|A\|_* + \lambda \|E\|_1$

s. t. $D=A+E$　其中 $A \in \mathcal{S}$，$E \in \mathcal{K}$

其中，$\mathcal{K}$ 是具有某种结构属性的稀疏矩阵空间。

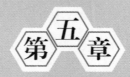

稀疏低秩矩阵因子分解模型

第一节 鲁棒主成分分析模型

鲁棒主成分分析模型（RPCA）为：

$$\min_{A,E} \|A\|_* + \lambda \|E\|_1$$

$$\text{s. t. } D = A + E \tag{5-1}$$

鲁棒主成分分析是分析矩阵低秩稀疏分解问题的有效方法，通过最小化核范数（$\|\cdot\|_*$）和 ℓ_1 范数（$\|\cdot\|_1$），在约束条件下能够求出低秩矩阵和稀疏矩阵。然而在求解此模型时，每步迭代必须对数据矩阵进行奇异值分解（SVD），使得迭代非常耗时，进而降低了计算效率。为了克服这一弊端，本章提出了稀疏低秩因子分解（Sparse and Low-rank Factorization，SLRF）模型，即通过低秩矩阵的因子分解来取代核范数约束，利用矩阵的满秩分解来刻画矩阵的低秩属性，以此避免每步迭代时的 SVD 分解。在此模型下，本章设计了求解模型的惩罚函数法（PFM）和增广拉格朗日乘子法（ALMM）。理论上，对应所提出的方法，本章分别给出了其收敛性分析。与经典的鲁棒主成分分析模型（RPCA）相比，随机数值实验结果表明本章的方法优于 RPCA 模型。将 ALMM 方法应用于视频监督背景建模，

实验结果表明，本章设计的模型及方法可以将不动的背景（低秩部分）与移动的前景（稀疏部分）有效地分离出来。

第二节　稀疏低秩因子分解（SLRF）模型

现在考虑本章设计的稀疏低秩因子分解（SLRF）模型。给定观测矩阵 $D=A+E$，其中 $A \in \mathbb{R}^{m \times n}$ 是秩为 r 的低秩矩阵，$E \in \mathbb{R}^{m \times n}$ 为稀疏矩阵。为了从观测矩阵中精确恢复低秩矩阵，除了主成分分析（RPCA）方法，另一种方法是利用矩阵的秩因子分解（或者满秩分解）来刻画秩约束，即 $A = LR^{T}$，其中 L 和 R 分别是 $m \times r$ 和 $n \times r$ 的满秩矩阵。因此，根据对矩阵秩的刻画思想的不同，主成分分析模型（RPCA）可以转化为式（5-2），即 SLRF 模型：

$$\min_{L,R^{T},E} \frac{1}{2}(\|L\|_{F}^{2}+\|R^{T}\|_{F}^{2}) + \lambda \|E\|_{1}$$

s. t. $\quad D=LR^{T}+E$ （5-2）

RPCA 模型与 SLRF 模型的主要区别在于对秩约束的刻画。SLRF 模型通过满秩分解取代核范数对秩的刻画，这样做的一个优点是在求解模型时，每步的迭代可以避免 SVD 分解。对于大型矩阵低秩稀疏分解，SVD 分解过程比较耗时，因此 SLRF 模型在很大程度上缩短了计算时间，提高了计算效率。该模型的另一个优点是可以将决策变量中的计算复杂度从 mn 减小到 $(m+n)r$。综上考虑，SLRF 模型比以前的方法耗费更少的存储空间和计算时间，而且这种优化也可以转化为半定规划的格式来求解（Vandenberghe & Boyd，1996）。

设 $Z \in \mathbb{R}^{m \times n}$ 的奇异值分解为 $Z=U\Sigma V^{T}$，其中 U 是 $m \times r$ 的酉矩阵，V 是 $n \times r$ 的酉矩阵，Σ 是 $r \times r$ 的对角矩阵。根据证明需要，首先考虑谱范数与核范数之间的对偶关系（Recht et al.，2010）。

命题 5.1 $\mathbb{R}^{m \times n}$ 中的谱范数（$\|\cdot\|_2$）的对偶范数是核范数（$\|\cdot\|_*$）。

根据命题，对于 $m \times n$ 的矩阵 Z，则有：

$$\|Z\|_* : = \max\{ \operatorname{tr}(Z^T Y) \mid \|Y\|_2 \leqslant 1 \} \tag{5-3}$$

从式（5-3）中对核范数的刻画形式，因此上式可以转化为下面的优化问题：

$$\max \operatorname{tr}(Z^T Y)$$

$$\text{s. t.} \quad \|Y\|_2 \leqslant 1$$

此优化问题又可以等价于半定规划的格式：

$$\max \operatorname{tr}(Z^T Y)$$

$$\text{s. t.} \quad \begin{pmatrix} I_m & Y \\ Y^T & I_n \end{pmatrix} \geqslant 0 \tag{5-4}$$

根据对偶性，核范数的优化问题的半定规划格式为：

$$\min_{W_1, W_2} \frac{1}{2} (\operatorname{tr}(W_1) + \operatorname{tr}(W_2))$$

$$\text{s. t.} \quad \begin{pmatrix} W_1 & Z \\ Z^T & W_2 \end{pmatrix} \geqslant 0$$

如果设 $W_1 : = U\Sigma U^T$，$W_2 : = V\Sigma V^T$，因为：

$$\begin{pmatrix} W_1 & Z \\ Z^T & W_2 \end{pmatrix} = \begin{pmatrix} U \\ V \end{pmatrix} \Sigma \begin{pmatrix} U \\ V \end{pmatrix}^T \geqslant 0$$

所以（W_1，W_2，Z）是式（5-4）的可行解。此外，还有 $\operatorname{tr}(W_1) = \operatorname{tr}(W_2) = \operatorname{tr}(\Sigma)$，因此目标函数满足：

$$\frac{1}{2} [\operatorname{tr}(W_1) + \operatorname{tr}(W_2)] = \operatorname{tr}(\Sigma) = \|Z\|_*$$

综上分析，式（5-1）可以写成：

$$\min_{A, E, W_1, W_2, T} \frac{1}{2} [\operatorname{tr}(W_1) + \operatorname{tr}(W_2)] + \lambda \mathbf{1}_m^T T \mathbf{1}_n$$

$$\begin{pmatrix} W_1 & A \\ A^T & W_2 \end{pmatrix} \geqslant 0$$

s. t. $-T_{ij} \leqslant E_{ij} \leqslant T_{ij}$, $\forall(i, j)$

$D = A + E$ （5-5）

其中，T 定义为：

$$\begin{cases} T_{ij} = \text{sign}(E_{ij}), & E_{ij} \neq 0 \\ T_{ij} \in [-1, 1], & E_{ij} = 0 \end{cases}$$

这里，$\mathbf{1}_m$，$\mathbf{1}_n$ 表示所有元素都为 1 的向量。

第三节　RPCA 模型与 SLRF 模型的等价性

Recht 等（2010）证明了在没有稀疏矩阵 E 的情况下，式（5-1）与式（5-2）等价。根据谱范数与核范数的对偶性，从半定规划格式出发，下面的定理说明了在稀疏矩阵存在的情况下，RPCA 模型与 SLRF 模型依然等价。

定理 5.1　鲁棒主成分分析（RPCA）模型等价于稀疏低秩因子分解（SLRF）模型。

证明　对于稀疏矩阵 E，分别写出 RPCA 模型与 SLRF 模型的拉格朗日函数：

$$\mathcal{L}_{RPCA}(A, E, \mu) = \|A\|_* + \lambda \|E\|_1 + \frac{\mu}{2}\|D - A - E\|_F^2$$

$$\mathcal{L}_{SLRF}(L, R^T, E, \mu) = \frac{1}{2}(\|L\|_F^2 + \|R^T\|_F^2) + \lambda \|E\|_1 + \frac{\mu}{2}\|D - LR^T - E\|_F^2$$

如果固定决策变量 A，L，R^T，则有下面两式等价，即：

$$\begin{cases} E_{RPCA} = \arg\min_E \mathcal{L}_{RPCA}(A, E, \mu) \\ E_{SLRF} = \arg\min_E \mathcal{L}_{SLRF}(L, R^T, E, \mu) \end{cases}$$

$$\begin{cases} E_{RPCA} = \arg\min_E \dfrac{\lambda}{\mu}\|E\|_1 + \dfrac{1}{2}\|E-(D-A)\|_F^2 \\ E_{SLRF} = \arg\min_E \dfrac{\lambda}{\mu}\|E\|_1 + \dfrac{1}{2}\|E-(D-LR^T)\|_F^2 \end{cases}$$

根据相关文献 Candes 等（2011），上式解得：

$$\begin{cases} E_{RPCA} = \mathcal{S}_{\frac{\lambda}{\mu}}(D-A) \\ E_{SLRF} = \mathcal{S}_{\frac{\lambda}{\mu}}(D-LR^T) \end{cases}$$

其中软阈值收缩算子 $\mathcal{S}$ 定义为：

$$\mathcal{S}_{\frac{\lambda}{\mu}}(x) = :\max\{|x|-\frac{\lambda}{\mu},0\}, x\in\mathbb{R}.$$

令 (L, R^T, E) 为 SLRF 模型的可行解对。如果设 $W_1: =LL^T$，$W_2: =RR^T$，$A: =LR^T$ 为半定规划式（5-4）的可行解，则式（5-2）与式（5-5）的解等价。因为半定规划问题等价于核范数问题，因此求得 SLRF 模型的解总会大于等于核范数问题的解。

相反，从奇异值分解 $A=U\Sigma V^T$ 或者说是核范数的松弛表达，对于 SLRF 模型，可以构造 $L: =U\Sigma^{\frac{1}{2}}$，$R: =V\Sigma^{\frac{1}{2}}$，代入求得的解与 RPCA 模型的解相同。因此定理得证。

由于 SLRF 模型是非凸优化问题，这种非凸性不会造成太多的问题，后面提出的两个算法表明，只要选取恰当的 r，我们仍然可以求得局部最优解，而且可以节省大量的计算时间。

第四节　SLRF 模型的解法

由于 D 是由低秩矩阵 A 和稀疏矩阵 E 叠加组成的，为了重构原始矩阵 D 或单独恢复稀疏和低秩矩阵，Candes 等（2011）给出了关于矩阵 A 和 E 的一些约束条件，以确保在参数 λ 下能够精确求得局部最优解。在文献中的定理保证下，研究并设计稀疏低秩矩阵重构算法是非常有意义的事情。

本章提出了两种方法来求解非凸 SLRF 模型，即罚函数法（Penalty Function Method，PFM）和增广拉格朗日乘子法（Augmented Lagrangian Multipliers Method，ALMM）。此外本章还对算法的收敛性进行了分析，后面的实验部分验证了算法的有效性。根据算法设计需要，下面首先回顾次微分的定义。

定义 5.1 设 f: $\mathbb{R}^n \mapsto \mathbb{R}$ 为恰当凸函数。如果：

$$f(z) \geq f(x) + \langle d, z-x \rangle, \quad \forall z \in \mathbb{R}^n$$

则称向量 $d \in \mathbb{R}^n$ 是 f 在点 $x \in \mathbb{R}^n$ 处的次梯度。f 在点 x 处的所有次梯度的集合称为 f 在点 x 处的次微分，记为 $\partial f(x)$。

根据定义，则 ℓ_1 范数的次梯度为：

$$\partial \|A\|_1 = \{ \text{sign}(A) + W, \ W \text{ 与 } A \text{ 互不相交，且 } \|W\|_\infty \leq 1 \}$$

相比较而言，A 核范数的次微分由 Watson 等（1992）给出，即：

$$\partial \|A\|_* = \{ UV^T + Q : Q \in \mathbb{R}^{m \times n}, \ U^T Q = 0, \ QV = 0, \ \|Q\|_2 \leq 1 \}$$

一、惩罚函数法

根据上述定义，本节首先给出求解式（5-2）的惩罚函数法。根据问题，可以写出式（5-2）的拉格朗日函数：

$$\mathcal{L}(L, R^T, E, \mu) = \frac{1}{2}(\|L\|_F^2 + \|R^T\|_F^2) + \lambda \|E\|_1 + \frac{\mu}{2}\|D - LR^T - E\|_F^2 \quad (5-6)$$

其中，$\lambda > 0$ 是调节稀疏矩阵和低秩矩阵的权衡参数，$\mu > 0$ 是惩罚参数。根据最优性条件，有：

$$\begin{cases} 0 = L - \mu(D - LR^T - E)R \\ 0 = R - \mu(D - LR^T - E)^T L \\ 0 \in [\lambda \partial(\|E\|_1) - \mu(D - LR^T - E) \end{cases}$$

因此得：

$$\begin{cases} L=\mu(D-E)R(I_r+\mu R^T R)^{-1} \\ R=\mu(D-E)^T L(I_r+\mu L^T L)^{-1} \\ E=\arg\min\dfrac{\lambda}{\mu}\|E\|_1+\dfrac{1}{2}\|E-(D-LR^T)\|_F^2 \\ \quad =\mathcal{S}_{\frac{\lambda}{\mu}}(D-LR^T) \end{cases} \tag{5-7}$$

其中，$\mathcal{S}_{\frac{\lambda}{\mu}}(x)=:\max\left\{|x|-\dfrac{\lambda}{\mu},\ 0\right\}$，$x\in\mathbb{R}$。PFM 算法的更多操作细节如表 5-1 所示。

表 5-1　PFM 算法执行步骤

惩罚函数法（PFM）
目的：求解问题式（5-2）
输入：观测矩阵 $D=A+E$，输入参数 λ，μ，秩 r.
初始化：$D=U\Sigma V^T$，$L_0:=U\Sigma^{\frac{1}{2}}$，$R_0:=V\Sigma^{\frac{1}{2}}$，$E_0=\mathbf{0}$.
While 停止准则未满足，**do**
$\quad L_k=\mu(D-E_{k-1})R_{k-1}(I_r+\mu R_{k-1}^T R_{k-1})^{-1}$;
$\quad R_k=\mu(D-E_{k-1})^T L_k(I_r+\mu L_k^T L_k)^{-1}$;
$\quad A_k=L_k R_k^T$;
$\quad E_k=\mathcal{S}_{\frac{\lambda}{\mu}}(D-L_k R_k^T)$
$\quad k\leftarrow k+1$.
End while
输出：$A\leftarrow A_k$，$E\leftarrow E_k$.

二、增广拉格朗日乘子法

事实上，对于增广拉格朗日乘子法（ALMM），我们可以利用它来解决具有高维可分离结构的 SLRF 模型。由于目标函数是非凸的，下面将经典的 ALMM 方法扩展到新的目标函数上。根据式（5-2）写出它的拉格朗日函数：

$$\mathcal{L}(L,\ R^T,\ E,\ Y,\ \mu)=\frac{1}{2}(\|L\|_F^2+\|R^T\|_F^2)+\lambda\|E\|_1-\langle Y,\ D-LR^T-E\rangle+$$

$$\frac{\mu}{2}\|D-LR^T-E\|_F^2 \tag{5-8}$$

同样，$\lambda>0$ 是调节稀疏和低秩矩阵的权衡参数，$\mu>0$ 是惩罚参数，$Y\in\mathbb{R}^{m\times n}$ 是关于约束项 $D-LR^T-E=0$ 的拉格朗日乘子。根据经典的增广拉格朗日格式，则有：

$$(L,\ R^T,\ E)=\arg\min_{L,R^T,E}\mathcal{L}(L,\ R^T,\ E,\ Y,\ \mu) \tag{5-9}$$

由于问题的非凸性，难以从式（5-9）中同时获得最优解 L，R^T 和 E，但是基于经典的求解凸优化问题的交替方向法（Glowinski，1984；Glowinski & Tallec，1992），根据最小化增广拉格朗日函数，可以通过固定其他两项来求得第三个变量的最优解，最后再更新拉格朗日乘数，以此类推可以求得其他两个变量。基于此思想，若 $Y_0=\mathbf{0}\in\mathbb{R}^{m\times n}$，则具体求解框架为：

$$\begin{cases} L_k=\arg\min_{L\in\mathbb{R}^{m\times r}}\mathcal{L}(L,\ R_{k-1}^T,\ E_{k-1},\ Y_{k-1},\ \mu) \\ R_k=\arg\min_{R^T\in\mathbb{R}^{r\times m}}\mathcal{L}(L_k,\ R^T,\ E_{k-1},\ Y_{k-1},\ \mu) \\ E_k=\arg\min_{E\in\mathbb{R}^{m\times n}}\mathcal{L}(L_k,\ R_k^T,\ E,\ Y_{k-1},\ \mu) \\ Y_k=Y_{k-1}-\delta_k(D-L_kR_k^T-E_k) \end{cases}$$

其中 $\delta>0$ 为步长参数。

类似于 PFM 方法，根据最优性条件：

$$\nabla\mathcal{L}(L,\ R^T,\ E,\ Y,\ \mu)=\mathbf{0} \tag{5-10}$$

则有：

$$\begin{cases} \mathbf{0}=L-\mu(D-LR^T-E)R+YR \\ \mathbf{0}=R-\mu(D-LR^T-E)^TL+Y^TL \\ \mathbf{0}\in[\lambda\partial(\|E\|_1)-\mu(D-LR^T-E)+Y] \end{cases} \tag{5-11}$$

因此可以推出：

$$\begin{cases} L = \mu(D-E-Y)R\ (I_r+\mu R^T R)^{-1} \\ R = \mu\ (D-E-Y)^T L\ (I_r+\mu L^T L)^{-1} \\ E = \arg\ \min\ \dfrac{\lambda}{\mu}\|E\|_1 + \dfrac{1}{2}\left\|E-\left(D-LR^T-\dfrac{Y}{\mu}\right)\right\|_F^2 \\ \quad = \mathcal{S}_{\frac{\lambda}{\mu}}\left(D-LR^T-\dfrac{Y}{\mu}\right) \end{cases} \quad (5-12)$$

总结上述过程，求解问题式（5-2）的具体框架如表 5-2 所示。

表 5-2　ALMM 算法执行步骤

增广拉格朗日乘子法（ALMM）
目的：求解问题式（5-2）
输入：观测矩阵 $D=A+E$，输入参数 λ，μ，步长 δ，秩 r
初始化：$D=U\Sigma V^T$，$L_0:=U\Sigma^{\frac{1}{2}}$，$R_0:=V\Sigma^{\frac{1}{2}}$，$E_0=\mathbf{0}$，$Y_0=\mathbf{0}$
While 停止准则未满足，**do**
$L_k=\mu(D-E_{k-1}-Y_{k-1})R_{k-1}\ (I_r+\mu R_{k-1}^T R_{k-1})^{-1}$；
$R_k=\mu\ (D-E_{k-1}-Y_{k-1})^T L_k\ (I_r+\mu L_k^T L_k)^{-1}$；
$A_k=L_k R_k^T$；
$E_k=\mathcal{S}_{\frac{\lambda}{\mu}}(D-A_k-\dfrac{Y_{k-1}}{\mu})$；
$Y_k=Y_{k-1}-\delta_k(D-A_k-E_k)$
$k\leftarrow k+1$
End while
输出：$A\leftarrow A_k$，$E\leftarrow E_k$

值得注意的是，在（L，R^T，E）未知的情况下，拉格朗日函数式(5-8)是非凸的，但是可以通过交替的思想分别求出 L，R^T 和 E。这种结构可分离的方法又称为交替方向法（He et al.，1998，2002；Esser，2009；Larsen，2012）。

第五节　算法的收敛性分析

本节分析算法的收敛性。首先，对于 PFM 方法，本节给出了惩罚项 $\|D-LR^T-E\|_F^2$（即分解误差）的收敛性分析，并证明序列 $\|D-L_kR_k^T-E_k\|_F^2$ 收敛到局部最小。

定理 5.2　设 $k\in\mathbb{Z}^+$，则由交替优化公式（5-7）得到的惩罚序列 $\|D-L_kR_k^T-E_k\|_F^2$ 收敛到局部最小。

证明　设第 k 步求得的解构成的惩罚序列 $\|D-L_kR_k^T-E_k\|_F^2$ 分别记为 P_k^1，P_k^2，P_k^3。因此有：

$$\begin{cases} P_k^1=\|D-L_kR_{k-1}^T-E_{k-1}\|_F^2 \\ P_k^2=\|D-L_kR_k^T-E_{k-1}\|_F^2 \\ P_k^3=\|D-L_kR_k^T-E_k\|_F^2 \end{cases} \tag{5-13}$$

根据 L_k，R_k^T 和 E_k 的局部最优性，又有不等式 $P_k^1\geqslant P_k^2\geqslant P_k^3$ 成立。另外有：

$$\begin{cases} P_{k+1}^1=\|D-L_{k+1}R_k^T-E_k\|_F^2 \\ P_{k+1}^2=\|D-L_{k+1}R_{k+1}^T-E_k\|_F^2 \\ P_{k+1}^3=\|D-L_{k+1}R_{k+1}^T-E_{k+1}\|_F^2 \end{cases}$$

根据局部最小，有 $P_k^3\geqslant P_{k+1}^1$ 成立。因此惩罚项 $\|D-LR'-E\|_F^2$ 产生的序列是递减的，即：

$$P_1^1\geqslant P_1^2\geqslant P_1^3\geqslant P_2^1\geqslant P_2^2\geqslant P_2^3\cdots\geqslant P_k^1\geqslant P_k^2\geqslant P_k^3\geqslant P_{k+1}^1$$

根据目标函数的递减性，式（5-7）得到的惩罚序列收敛到局部最小。因此问题得证。

为了证明 ALMM 方法的收敛性，此处需要引入两个已有的结论（Lin et al.，2013）。

定理5.3 设 H 为 Hilbert 空间，相应的范数为 $\|\cdot\|$，且 $y \in \partial\|x\|$，其中 $\partial f(x)$ 为 $f(x)$ 的次梯度。如果 $x \neq 0$，则 $\|y\|^* = 1$，且如果 $x = 0$，则 $\|y\|^* \leqslant 1$，其中 $\|\cdot\|^*$ 是 $\|\cdot\|$ 的对偶范数。

引理5.1 由 ALMM 方法得到的拉格朗日乘子序列 $\{Y_k\}$ 是有界的，其中 $Y_k = Y_{k-1} - \delta_k(D - L_k R_k^T - E_k)$。

上述结论刻画了拉格朗日乘子序列 $\{Y_k\}$ 的有界性，根据上述结论，给出 ALMM 方法求解 SLRF 模型的收敛性分析。

定理5.4 令 (L_k, R_k^T, E_k, Y_k) 为算法 ALMM 在迭代时得到的最优解，假定序列 $\{Y_k\}$ 有界，如果 (L_k, R_k^T, E_k) 收敛到 $(\hat{L}, \hat{R}^T, \hat{E})$，且对所有的 k 满足线性映射：

$$\Lambda_k(Y) = \begin{bmatrix} \mathcal{A}(Y) L_k \\ \mathcal{A}^T(Y) R_k \\ \mathcal{A}(Y) \end{bmatrix} = \mathbf{0}$$

则存在矩阵 $\hat{Y}$ 使得：

$$\nabla \mathcal{L}(\hat{L}, \hat{R}^T, \hat{E}, \hat{Y}, \mu) = \mathbf{0}$$

证明 为了方便起见，设 $\mathcal{A}(Y) = \mu(D - LR^T - E) - Y$。因为 (L_k, R_k^T, E_k) 为 ALMM 方法在第 k 次迭代得到的最小解。

根据式 (5-10) 和式 (5-11)，则有：

$$\begin{cases} \nabla_L \mathcal{L} = 0 \Rightarrow L_k - \mathcal{A}(Y_k) R_k = 0 \\ \nabla_R \mathcal{L} = 0 \Rightarrow R_k - \mathcal{A}^T(Y_k) L_k = 0 \\ \nabla_E \mathcal{L} = 0 \Rightarrow 0 \in [\lambda \partial(\|E_k\|_1) - \mathcal{A}(Y_k)] \end{cases} \tag{5-14}$$

式 (5-14) 又等价于：

$$\Lambda_k(Y_k) = \begin{bmatrix} L_k \\ R_k \\ Z_k \end{bmatrix}$$

其中，$Z = \dfrac{\lambda}{\mu} T + (D - LR^T - Y)$，且有：

$$
\begin{cases}
T_{ij} = \text{sign} \left[D - LR^T - Y \right]_{ij}, & \left[D - LR^T - Y \right]_{ij} \neq 0 \\
T_{ij} \in [-1, 1], & \left[D - LR^T - Y \right]_{ij} = 0
\end{cases}
$$

因为没有非零的 Y 使得 $\Lambda_k(Y) = \mathbf{0}$，则左侧存在逆，因此可以解得 Y_k：

$$
Y_k = \Lambda_k^\dagger \begin{bmatrix} L_k \\ R_k \\ Z_k \end{bmatrix}
$$

其中：

$$
\Lambda_k(Y_k) = \begin{bmatrix} \mathcal{A}(Y_k) L_k \\ \mathcal{A}^T(Y_k) R_k \\ \mathcal{A}(Y_k) \end{bmatrix} \tag{5-15}
$$

根据假设知 $\{Y_k\}$ 是有界的，且 (L_k, R_k^T, E_k) 收敛到 $(\hat{L}, \hat{R}^T, \hat{E})$，则可以推出式（5-15）右侧是有界的。因此，有 Y_k 收敛到 $\hat{Y}$。对式（5-14）取极限即可得证。

第六节　数值实验

本节通过数值实验来验证本章所提模型和算法的有效性及其性能。本节从三种情况来说明算法的可行性。首先考虑稀疏低秩矩阵的精确恢复问题；其次验证算法的抗噪声能力；最后是算法的实际应用。所有实验在 Windows7 系统和 MATLAB v7.8（R2009a）上运行。电脑硬件配置为 Intel 酷睿 i5-3470，CPU 频率为 3.2GHz，内存为 4GB。

一、稀疏低秩矩阵的精确重构

设 $D = A + E$ 为观测数据，其中 E 和 A 分别是希望重构的原始稀疏矩阵和低秩矩阵。下面通过实验来说明 *PFM* 算法和 *ALMM* 算法对随机生成的矩阵的重构效率。为了简单起见，将示例限制为方阵。随机构造低秩矩阵 A，其中 $r = 5\%m$，矩阵 E 是满足高斯独立同分布的稀疏矩阵，且矩阵的非零元个数为 $5\%m^2$。

设 $\lambda = \dfrac{10}{\sqrt{m}}$，$\mu = 0.5m$，$\delta = 10^{-2}$，输出矩阵为 A_k，E_k。重构误差分别定义为：

$$\begin{cases} \text{Rel. Err}(D) = \|D - A_k - E_k\|_F / \|D\|_F \\ \text{Rel. Err}(A) = \|A - A_k\|_F / \|A\|_F \\ \text{Rel. Err}(E) = \|E - E_k\|_F / \|E\|_F \end{cases} \tag{5-16}$$

在本次实验中，首先对比 PFM 方法和 ALMM 方法。对比结果如表 5-3 所示。

例如我们恢复一个 800×800 的矩阵，其中秩为 40，PFM 方法耗时不超过 26 秒，重构一个 3000×3000、秩为 250 的矩阵，PFM 方法耗时只需 418.26 秒。对比 ALMM 方法，无论时间还是误差都比 PFM 方法要好。

表 5-3 稀疏低秩矩阵分解的数值对比结果（迭代次数=300）

算法	m	Rank(A)	$\|E\|_0$	Rel. Err(D)	Rel. Err(A)	Rel. Err(E)	时间（秒）
PFM	200	10	1981	5.25e−4	1.93e−4	7.95e−3	0.62
ALMM	200	10	1981	5.04e−4	1.70e−4	7.69e−3	0.75
PFM	400	20	7983	1.34e−4	4.91e−5	2.81e−3	6.39
ALMM	400	20	7984	1.29e−4	3.80e−5	2.71e−3	7.20
PFM	800	40	31944	3.31e−5	1.20e−5	9.90e−4	25.77
ALMM	800	40	31946	3.15e−5	6.97e−6	9.07e−4	26.63
PFM	1000	50	49818	2.12e−5	7.67e−6	7.05e−4	38.21
ALMM	1000	50	49821	2.08e−5	6.95e−6	6.15e−4	40.39
PFM	2000	100	199803	5.28e−5	1.84e−5	2.50e−3	152.56
ALMM	2000	100	199815	5.16e−5	1.46e−5	2.43e−3	161.16
PFM	3000	250	449838	1.88e−5	8.75e−6	1.47e−3	418.26
ALMM	3000	250	449847	1.78e−5	5.36e−6	1.33e−3	425.79

表 5-4 给出了求解 RPCA 模型的 LRSD 方法（Yuan & Yang，2013）与求解 SLRF 模型方法的对比结果。对于 200×200 矩阵、800×800 矩阵、1000×1000 的矩阵，本节分别测试了 A，E 和 D 的重构相对误差。从表5-4中可以看出，本章设计的两个算法的消耗时间都要快于已有的 RPCA 模型。

表 5-4　稀疏低秩矩阵分解的数值对比结果（迭代次数=80）

算法	m	Rank(A)	$\|E\|_0$	Rel. Err(D)	Rel. Err(A)	Rel. Err(E)	时间（秒）
PFM	200	10	1981	5.05e−4	1.84e−4	8.22e−3	0.37
ALMM	200	10	1981	4.83e−4	1.08e−4	7.69e−3	0.75
RPCA	200	10	1973	7.19e−5	2.61e−5	1.18e−3	0.57
PFM	400	20	7983	1.30e−4	4.72e−5	2.81e−3	1.77
ALMM	400	20	7984	1.37e−4	6.95e−5	2.35e−3	2.19
RPCA	400	20	7825	1.73e−4	6.61e−5	2.76e−3	11.60
PFM	800	40	31944	3.28e−4	1.15e−4	9.86e−3	5.54
ALMM	800	40	31946	3.18e−4	7.58e−5	9.39e−3	6.33
RPCA	800	40	30555	1.88e−4	3.28e−4	1.07e−2	59.89
PFM	1000	50	49818	2.10e−4	7.33e−5	7.04e−3	9.02
ALMM	1000	50	49821	2.02e−4	4.45e−5	6.58e−3	9.29
RPCA	1000	50	44255	3.02e−4	3.45e−3	1.09e−1	120.48

图 5-1 为相应方法消耗时间的对比图，其中 rank(A)=5%m，矩阵的非零元个数为 5%m^2，m=100，…，1000。本章的方法之所以节省时间，主要有以下两个原因：

（1）由于 RPCA 模型在每步中需要 SVD 分解，这是一种高耗时的操作，而 SLRF 模型是通过秩分解来求解低秩矩阵 A，避免了 SVD 分解，因此比较省时。

（2）在求解拉格朗日函数式（5-6）和式（5-8）的过程中，本章通过三个子问题分别求得式（5-7）和式（5-12）。使用替代方法来解决子问题可以有效加速。因此，在运行时间方面，求解 SLRF 模型的方法优于 RPCA 模型的方法。

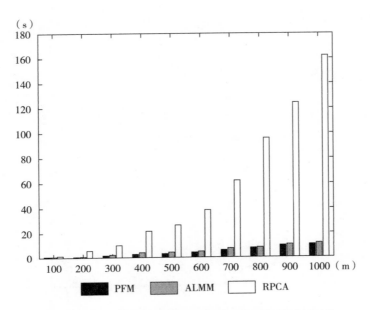

图 5-1　不同维数下稀疏低秩矩阵重构所消耗的时间对比

　　图 5-2 和图 5-3 直观地反映了不同维数矩阵的相对误差。具体来讲，图 5-2 显示了矩阵大小为 200×200 的三个重构误差。在迭代开始时，RPCA 性能较差，经过大约 30 次迭代，从图中可以发现它比 SLRF 方法表现出了更好的结果，然而，很明显，本章的方法具有比 RPCA 方法更快的收敛速度。当矩阵大小高达 1000×1000 时，图 5-3 表明，无论是矩阵 D 或矩阵 A 和 E 的相对误差，SLRF 方法的性能均优于 RPCA 方法。总之，本章所提的方法在处理大数据问题时表现得比传统的 RPCA 方法更好。

二、重构性能检测

　　下面的实验说明了 SLRF 模型中稀疏度与低秩之间相互制约时对误差的影响度。特殊地，设 $m=n=100$，测试（r，spr）。稀疏比定义为：

$$spr = \frac{\text{number-of-non-zero-entries}}{m^2} \times 100\%$$

对于每一对 (r, spr)，相关算法的最大迭代步数为 300。相对误差定义为：

$$\text{Rel. Err} = \frac{\|(A^k, E^k) - (A, E)\|_F}{\|(A, E)\|_F + 1}$$

当 r 从 1 变化到 30，spr 从 1% 变化到 30%，图 5-4 表明 PFM 算法和 ALMM 算法在稀疏和秩约束下的重构误差的变化趋势。

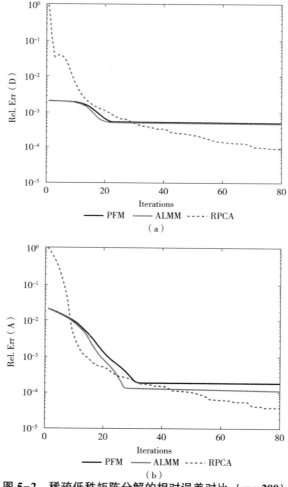

（a）

（b）

图 5-2　稀疏低秩矩阵分解的相对误差对比　（$m = 200$）

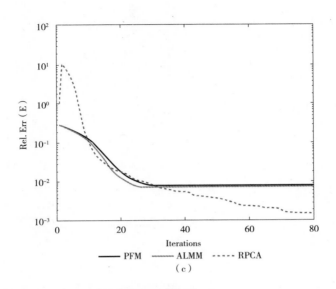

图 5-2　稀疏低秩矩阵分解的相对误差对比 （$m=200$）（续）

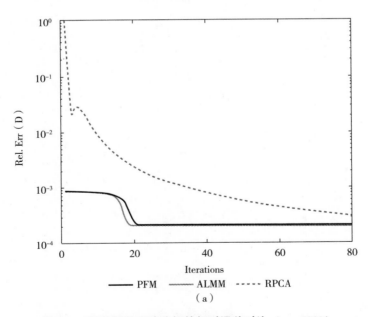

图 5-3　稀疏低秩矩阵分解的相对误差对比 （$m=1000$）

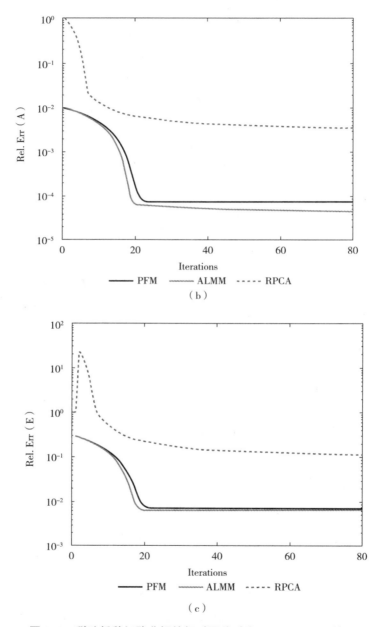

图 5-3　稀疏低秩矩阵分解的相对误差对比 （$m = 1000$）（续）

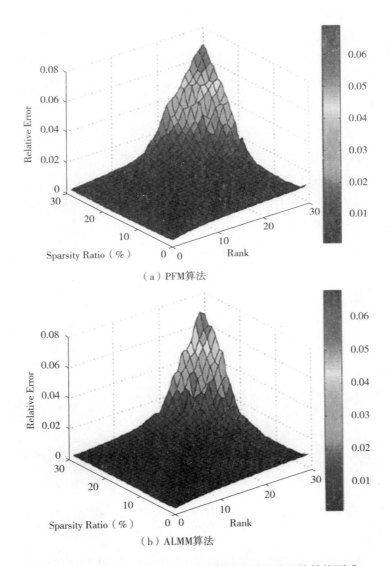

（a）PFM算法

（b）ALMM算法

图 5-4　当秩 r 和稀疏比 spr 相互变化时算法的重构性能测试

三、视频监督背景建模

目前有效分离视频监督中不动的背景和移动的前景是一项具有挑战性的任务，而从视频序列中进行背景建模是检测视频场景中活动目标的流行方法，因为所有帧的背景是相关的，而变化或移动的目标是稀疏的和独立的，如果各个帧被叠加为矩阵 D 的列，则矩阵 D 可以表示为低秩背景矩阵和表示场景中活动的稀疏误差矩阵和的形式。而本章的模型正适合处理这类问题。

由于背景建模（Vandenberghe & Boyd，1996；Wright et al.，2009；Candes et al.，2011）可以揭示视频帧之间的相关性，因此矩阵稀疏低秩分解的一个重要应用是视频中不动的背景和移动的前景进行分离。如果将各个帧堆叠为矩阵 D 的列，则矩阵 D 可以表示为视频场景中的低秩背景矩阵和稀疏误差矩阵加和的形式。下面的实验将模型算法 ALMM 应用到 200 帧的视频场景之中，其中视频的每一帧分辨率为 144×176 的矩阵。通过设计，将每一帧转化为一列向量并按次序排列成矩阵 D。则矩阵 D 的尺寸相应变为 25344×200。实验结果如图 5-5 所示，可以清晰地看出，本章算法能够有效地将视频中不动的背景 A（低秩成分）和移动的前景 E（稀疏成分）分离出来。

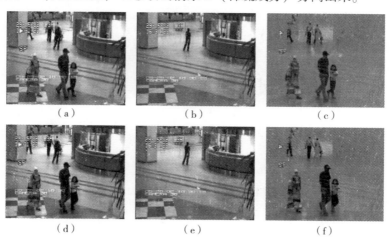

（a）　　　　　　　（b）　　　　　　　（c）

（d）　　　　　　　（e）　　　　　　　（f）

图 5-5　ALMM 方法应用于机场大厅视频监督背景建模测试结果

（g）　　　　　　　　（h）　　　　　　　　（i）

图 5-5　ALMM 方法应用于机场大厅视频监督背景建模测试结果（续）

注：左侧一列为观测视频中随机选取的 3-frame 数据；中间一列为背景图像（数据矩阵的低秩成分）；右侧一列为移动的前景图像（数据矩阵的稀疏成分）。

第七节　本章小结

RPCA 模型可以看成是稀疏问题和秩最小化问题的凸松弛方法，但是此模型需要计算矩阵的 SVD，当观测矩阵维数非常大的时候，这种操作是比较耗时的。为了克服这一缺点，本章利用矩阵的满秩分解来刻画秩约束，提出了稀疏低秩因子分解（SLRF）模型。

在 SLRF 模型下，本章设计了求解模型的惩罚函数法（PFM）和增广拉格朗日乘子法（ALMM）。理论上，对应所提出的方法，本章分别给出了收敛性分析。与经典的 RPCA 模型相比，通过构造的随机矩阵，数值实验结果表明本章的方法优于 RPCA 模型。将 ALMM 方法应用于视频监督背景建模，实验结果表明，本章设计的模型及方法可以将不动的背景（低秩部分）与移动的前景（稀疏部分）有效地分离出来。

SLRF 模型能够很好地实现矩阵的低秩分解，并且能够节省大量的计算时间，而且收敛速度非常快，但是它的不足之处在于模型的非凸性，因此在求解时会出现局部最优的现象。幸运的是，学者们已经提出了一些求解非凸模型的优良算法，很好地克服了这一缺陷。如子空间聚类方法、ADM 方法和交替最小二乘法等。这类方法可以将多变量的求解问题转化为单变量的求解形式，从而实现单变量的全局最优的效果。

结论与展望

第一节　主要结论

本书主要围绕压缩感知问题中的矩阵低秩稀疏分解问题做了系统和深入的研究，全书所做工作总结如下：

第一，矩阵低秩逼近问题与压缩感知紧密相连，从本质上讲，矩阵低秩逼近是一维信号到二维矩阵的自然延伸和推广。矩阵低秩逼近在很多领域中都有应用，因此吸引了许多研究者的注意。在酉不变范数意义下，本书研究了矩阵低秩逼近的扰动理论。设 $P_A = AA^{\dagger}$ 是到列空间 $R(A)$ 上的正交投影，如果 $\mathrm{rank}(A) \leqslant \mathrm{rank}(D)$，则有 $\|P_D^{\perp} P_A\| \leqslant \|P_D P_A^{\perp}\|$。根据这一性质，当 $\|D\| \geqslant \|A\|$ 或者 $\|D\| \leqslant \|A\|$ 时，通过引理的两个较弱的下界，利用矩阵的广义逆分解 $(D^{\dagger} - A^{\dagger})$ 本书分别给出了矩阵低秩逼近 $(D-A)$ 酉不变范数意义下的误差下界。通过随机数据实验，当扰动项为稀疏矩阵时，本书验证了所给出了误差界。

第二，在压缩感知问题 (P_0) 中，目标函数是向量数据 x 的稀疏性，而对于矩阵的逼近问题，目标函数是数据矩阵 X 的秩，即其奇异值构成向量的稀疏性。并且在不同的物理背景下，矩阵低秩逼近又可以称为矩阵低秩稀疏分解。因此，观测矩阵可以看成是由一个低秩矩阵与一个稀疏矩阵和的形式，即 $D = A + E$，其中 A 是低秩成分，E 是稀疏成分。

　　最近学者对观测数据的稀疏和低秩逼近问题进行了深入的研究，并且基于 RIP 条件，给出了矩阵低秩逼近的解的唯一性的充分条件，以及噪声环境下矩阵低秩逼近的误差上界。但是还没有文献研究矩阵稀疏逼近解的唯一性条件，以及噪声环境下矩阵稀疏逼近的鲁棒分析。因此，本书考虑矩阵低秩稀疏分解的更一般形式，根据线性约束凸优化问题的可分离性，我们对矩阵低秩稀疏分解问题进行分离处理。针对两个子问题，基于 RIP 条件，首先回顾了理想环境下矩阵低秩逼近问题的精确重构充分条件，以及噪声环境下的矩阵低秩逼近误差上界。其次，我们断言，当感知矩阵满足 RIP 条件时，对于稀疏常数 $s > 1$ 的情况，如果 $\delta_{2s} \leqslant 1$，则 E_0 是唯一稀疏度不超过 s 且满足 $B(E) = b_2$ 的矩阵，这对稀疏矩阵的精确重构提供了充分条件。另外，在噪声环境下，如果感知矩阵满足 RIP 条件，通过最小化矩阵的 ℓ_1 范数，本书分析了式（3-19）的鲁棒性。当 $\delta_{2s} < \dfrac{\sqrt{s}-1}{\sqrt{s}+1}$ 时，给出了式（3-19）的 Frobenius 范数下误差上界以及相关理论。

　　第三，有了上述矩阵低秩稀疏分解的理论保证，本书设计了相关算法及实验仿真。假设存在观测数据矩阵 D，它可以分解为稀疏矩阵 E 和低秩矩阵 A 的和的形式，根据线性约束凸优化问题的可分离性，不同于整体约束的思想，本书将矩阵低秩稀疏分解的约束条件 $D = A + E$ 分裂为两个约束项，即根据真值，分别设 $A = A_0$ 和 $E = E_0$，然后在优化问题中的无约束拉格朗日函数中对它们分别惩罚。基于可分离的思想，本书提出了不同于其他方法的可分离替代函数法（SSF）。将 SSF 方法融合在经典的奇异值阈值（SVT）思想中，设计了两种迭代格式。

　　一种是临近点迭代阈值（PPIT）算法，本书通过实验发现其收敛速度较慢，为了克服 PPIT 算法收敛速度慢的问题，本书利用 Bertsekas 提出的求解约束优化问题的非精确的增广拉格朗日方法（IALM），设计了第二种改进的迭代策略，即结合 SSF 方法，给出了 SSF-IALM 迭代格式。将本书的算法应用于视频监督背景建模以及太空图像的稀疏低秩分解，实验表明本书的算法是可行有效的，且与已有算法相比，实验仿真结果表明了本书所设计算法的优越性。

第四，本书另一个研究工作是根据矩阵满秩分解性质，提出了一种新的稀疏低秩因子分解（SLRF）模型，并设计了两种求解此模型的算法，即惩罚函数法（PFM）和增广拉格朗日乘子法（ALMM），通过定理给出了方法的收敛性分析。通过实验仿真及视频监督背景建模，结果表明本书设计的方法是可行且有效的。

RPCA 模型和 SLRF 模型的主要区别在于对秩约束的刻画，SLRF 模型通过矩阵的满秩分解来体现模型中对秩的选取，这样设计可以取代核范数对秩的刻画，最大的优点是本书的模型在迭代过程中避免了 SVD 分解。由于对于大型矩阵，SVD 分解是比较耗时的操作，因此本书的模型在很大程度上缩短了计算时间。该模型的另一个优点是它可以将决策变量中的计算复杂度从 mn 减小到 $(m+n)r$。综上考虑，SLRF 模型比以前的方法需要更少的存储空间和计算时间。

第二节　本书的创新之处

本书的主要创新之处体现在以下三个方面：

第一，当稀疏矩阵被认为是矩阵低秩逼近问题的扰动成分时，本书在酉不变范数意义下，研究了矩阵低秩稀疏的扰动理论。如果矩阵 A 是观测数据矩阵 D 的一个低秩逼近，我们利用著名的矩阵广义逆分解 $D^{\dagger} - A^{\dagger}$，以及矩阵的相关投影性质，分别给出了不同情况下矩阵低秩逼近 $(D - A)$ 的误差下界。当扰动项 E 为稀疏矩阵时，本书通过实验验证了所给的理论结果。

第二，基于受限等距离性质（RIP）本书考虑稀疏低秩矩阵的重构问题。在理想情况下，本书给出了稀疏矩阵精确重构的充分条件，并且相应地给出了噪声情况下稀疏矩阵逼近的误差上界，以及相关鲁棒性质。我们通过数值实验验证了本书结论的正确性。

第三，首先，本书通过构造的随机稀疏低秩矩阵，利用经典的增广拉格朗日乘子法（ALM）给出稀疏低秩矩阵的分解方法，并验证其理论结果的正确性。根据线性约束凸优化问题的可分离性，不同于整体约束的思想，我们设计将矩阵低秩稀疏分解的约束条件 $D = A + E$ 分裂为两个约束项，分别令 $A = A_0$ 和 $E = E_0$，然后在构造的拉格朗日函数中对它们分别惩罚。通过分离后，我们给出了可分离函数的增广拉格朗日函数表达式。

其次，本书提出一种不同于其他方法的可分离替代函数法（Separable Surrogate Function，SSF）。在本书中，我们基于 SSF 法，利用经典的奇异值阈值（SVT）思想，设计出了新型的迭代算法——临近点迭代阈值（Proximal Point Iterative Thresholding，PPIT）算法。PPIT 的设计关键是在第 $k + 1$ 次迭代时，通过最小化后的拉格朗日函数 $\hat{L}$ 替代原问题的拉格朗日函数 L，为了与观察数据矩阵 D 建立关系，需要在 A 和 E 分别对应的拉格朗日乘子 Y_A^{k+1} 和 Y_E^{k+1} 中令 $D - E_k = A_k$，$D - A_k = E_k$ 之后再循环更新，直到达到收敛准则后停止循环。通过理论证明了算法的全局收敛性。

再次，基于非精确增广拉格朗日乘子法（IALM），本书给出的第二种迭代算法为 SSF-IALM。我们利用原 IALM 在算法设计的循环过程中的初始参数设计，并保持算法步长 μ_k 的更新思想与 IALM 思想相同，结合 SSF 方法融合 IALM 设计技巧，利用交替更新的思想实现算法的快速迭代，证明了算法的收敛速率至少为 $\mathbf{O}(\dfrac{1}{\mu_k})$。

最后，利用算法设计与收敛理论，保证了算法的可行性。为了验证算法的有效性和实用性，我们通过 Matlab 随机构造的数据和标准灰度图像的测试，实现算法对低秩稀疏数据信息分析的可行性及有效性，最后将方法应用于太空图像分解实例中，检验了其效果。

第四，RPCA 模型是当前求解核范数（$\|\cdot\|_*$）和 ℓ_1 范数（$\|\cdot\|_1$）最小化问题的流行方法。然而经过分析，此方法比较耗时，因为它需要对数据矩阵进行奇异值（SVD）分解。而且每循环一次，都需要重新对求得的矩阵进行一次 SVD 分解，这在很大程度上增加了计算复杂度。

为了解决这一弊端，本书不同于 RPCA 模型中利用核范数刻画秩的思想，通过使用矩阵低秩的因子分解替代核范数约束，即假设存在秩为 r 的低秩矩阵 A，则可以通过它的满秩分解 $A = LR^T$ 来刻画秩 r，其中 L 和 R 分别是 $m \times r$ 和 $n \times r$ 的满秩矩阵。基于矩阵的因子分解，我们提出了一种新模型来求解稀疏低秩分解问题，即稀疏低秩因子分解（SLRF）模型。而且这种优化也可以转化为半定规划格式，并通过其半定规划格式本书证明了 RPCA 模型与 SLRF 模型的等价性。在 SLRF 模型下，本书设计了惩罚函数法（PFM）和增广拉格朗日乘子法（ALMM）来求解非凸优化问题。理论上，对应所提出的方法，通过两个定理分别给出收敛性分析，而且实验表明我们的方法是可行且有效的。

与求解经典的 RPCA 方法相比，SLRF 模型可以通过矩阵的满秩分解来取代核范数对秩的刻画，最大的优点是 SLRF 模型在迭代过程中避免了 SVD 分解，节省了大量的计算时间和数据存储空间。通过几组数值实验，仿真结果表明本书提出的方法优于已有的方法。将所提的方法应用于机场大厅视频监督的背景建模之中，实验结果表明我们的方法可以有效地将视频中不动的背景和移动的前景分离出来。

第三节 未来展望

科学技术的发展使人类进入了大数据时代，很多行业和领域每天都会产生海量的数据，而对这些数据在可以容忍的时间内进行收集、管理和处理已经超过了传统技术的能力。数据处理最核心的挑战之一是如何从海量的数据中提取出有用的信息和知识为后续决策提供帮助，因此设计高效、高速的，可以发现数据潜在模式、相关性以及其他有用知识的数据分析方法就变得越来越重要。由于数据固有的冗余特点，稀疏性和低秩性广泛存在于许多大数据应用中，这为大数据分析及处理提供了新的可能性。

对于矩阵低秩稀疏逼近问题，接下来的工作可以考虑以下几个问题：

第一，分析矩阵的稀疏度与矩阵低秩之间的相互制约关系。因为稀疏和低秩的相同点在于都表明矩阵的信息冗余比较大。具体来说，稀疏意味着有很多零，即可以压缩；低秩意味着矩阵有很多行（列）是线性相关的，而这些特点除了表示信息冗余可压缩之外，更重要的是可以被充分利用起来做一些有趣的事情，比如图像和信号处理，图像去噪，视频监督背景建模，经济领域里的稀疏投资组合，低秩协方差矩阵处理等，但是稀疏和低秩融合在一起的矩阵相互之间会有一定的联系或者制约，如何控制稀疏与低秩的比例使得优化问题的解最优，这是我们后期要考虑的问题之一。

第二，对于本书提出的 SLRF 模型，笔者仅解决了稀疏低秩矩阵的精确（无噪声）重构问题，但是在一些实际应用中，大多数数据矩阵会受到一些密集噪声的干扰，或者对于 $D = A + E$ 我们可以认为观测数据矩阵 D 同时受到稀疏噪声和较小的高斯噪声的干扰：

$$D = A + E + N$$

其中，N 为具有较小方差的高斯矩阵，则 SLRF 模型可以转化为以下非凸优化模型：

$$\min_{L, R', E} \frac{1}{2}(\|L\|_F + \|R^T\|_F) + \lambda \|E\|_1$$

$$\text{s. t. } \|D - LR^T - E\|_F^2 \leqslant \delta^2$$

其中，δ 是噪声矩阵 $\|N\|_F$ 的上界。对于此模型，在将来的工作中可以考虑模型的稳定性或者分析稀疏与低秩属性之间的相关性，并估计算法的误差界等问题。

第三，根据以上噪声模型，我们可以做稳定性分析，估计噪声环境下矩阵低秩稀疏分解的误差界。

第四，研究结构矩阵低秩逼近问题。结构化低秩矩阵逼近问题是线性矩阵空间中固定秩的所有矩阵中，通过最小化方法将其投影到给定矩阵的加 Frobenius 距离的问题。比如对含有稀疏噪声的观测矩阵 $D = A + E$ 进行结构低秩逼近。其中，A 为带有结构约束的低秩矩阵（如 Hankel、Sylvester、Toeplitz 矩阵等），E 是符合高斯独立同分布的稀疏噪声矩阵。那么，能否在此稀疏噪声的干扰下寻找一个具有某一结构属性的低秩矩阵来近似逼近观测矩阵 D，问题可以描述如下：

$$\min_{A,E} \|D - A\|_1$$

$$\text{s. t.} \begin{cases} \text{rank}(A) \leq r \\ A \in S \end{cases}$$

其中，S 为某一结构矩阵集合。此问题不好求解，我们可以通过核范数松弛方法来求解。

$$\min_A \|A\|_* + \lambda \|D - A\|_1$$

$$\text{s. t.} \ A \in S$$

如果考虑稀疏矩阵 E 的结构属性，可以研究下面的优化模型

$$\min_{A,E} \|A\|_* + \lambda \|E\|_1$$

$$\text{s. t.} \ D = A+E, \ A \in S, \ E \in K$$

其中，K 是具有某种结构属性的稀疏矩阵空间。

第五，降低模型求解的计算复杂度。直接求解秩优化问题的凸或非凸代理模型，每步迭代都会涉及对一个满秩矩阵进行特征值或奇异值分解；对于无约束或简单约束的凸或非凸代理模型，利用最优解是低秩的特点，可以采用前 k 个最大特征值或奇异值分解来缩减每步迭代的计算复杂度，其中正整数 k 是最优解的秩的上紧估计；目前面临的挑战是对于复杂尤其是 hard 模型约束的凸与非凸代理模型，如何有效运用特征值或奇异值分级来降低计算量。因子分解模型的每步迭代的工作量主要集中在矩阵乘积的运算上。

第六，低秩稀疏矩阵优化问题是一类与数据处理密切相结合的新型优

化问题，只有与其他应用学科，如生物、物理、化学、工程紧密结合才能从具体应用中挖掘新的稀疏特性，只有与统计和机器学习等学科交叉才能提出新的低秩稀疏矩阵优化模型和求解算法。对于这类重要且困难的矩阵优化问题，可以尝试从深度学习中挖掘数据的稀疏低秩矩阵优化问题（Pan S. H. & Wen Z. W.，2020）。

为了从大数据中学习数据特征，学者们从高维数据中相继提出了深度学习和深度计算模型，而导致高计算复杂度和高内存消耗的关键因素是这些模型中的参数和特征值映射的冗余数据。参数和特征映射的冗余性主要反映在加权矩阵和特征映射的结构性质上，因此，如何利用稀疏矩阵和张量来建立适合学习模型除去这些冗余是大规模神经网络压缩的关键。也就是说，整个神经网络结构的压缩蕴藏了许多新型低秩稀疏矩阵/张量优化问题，而如何有效训练压缩后的神经网络又对低秩矩阵/张量优化问题的求解算法提出了新的挑战。

第七，研究张量低秩分解的模型及算法（张贤达，2013；Andrzej C.，Rafal Z. & Anh H. P.，2009）。我们知道，数据沿着相同方向的排列称为一路阵列。标量是零路阵列的表示，行向量和列向量分别是数据沿着水平和垂直方向排列的一路阵列，矩阵是数据沿着水平和垂直两个方向排列的二路阵列。而张量是数据的多路阵列的表示，一个张量就是一个多路阵列或者多维阵列，它是矩阵的一种扩展。一个三路张量如图 6-1 所示。

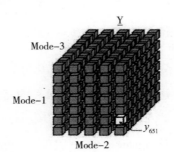

图 6-1　三路阵列（三阶张量）$Y \in \mathbb{R}^{7 \times 5 \times 8}$ 以及 y_{651} 元素

数学中的张量专指多路阵列，因此不应与物理和工程中的张量混淆。

而数学中研究张量时往往需要对其进行分解后再剖析其本质特征，而张量的一般展开方法有三种，如图 6-2 所示。

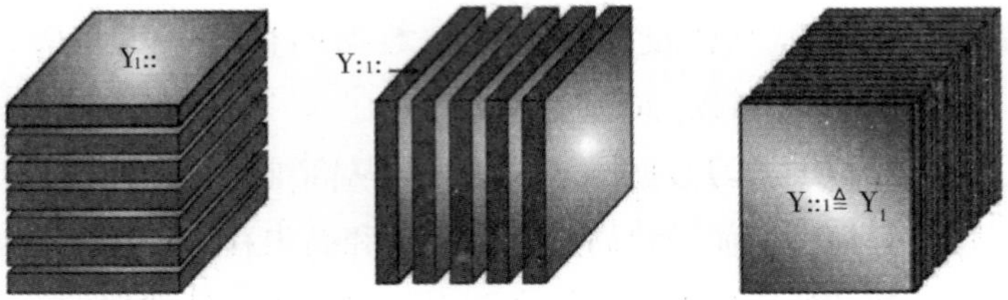

（a）水平切片　　（b）侧向切片　　（c）正面切片

图 6-2　张量的三种切片形式

有了上图的展开方式之后，就可以进行不同的展开向量化，例如行向量展开或者列向量展开，如图 6-3 所示。

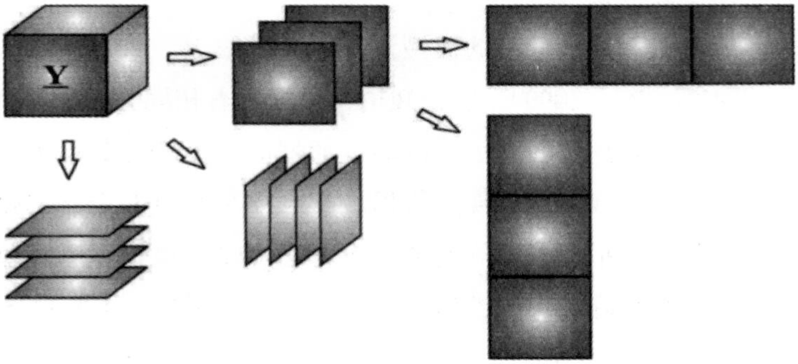

图 6-3　三阶张量的行向和列向展开（展平，矩阵化）的图解

三种模式展开的张量 A $\in \mathbb{R}^{I_1 \times I_2 \times I_3}$ 矩阵化方式有以下三种：

在高维空间中直接处理张量将会带来很大的不便性，目前流行的张量分解主要有两种，一是平行因子分解（Candecomp/Parafac，CP），见（Carroll et al.，1970；Harshman et al.，1970），如图 6-5 所示。

平行因子分解的数学表示如下：

$$Y = \sum_{j=1}^{J} a_j \circ b_j \circ c_j + E = [\![A, B, C]\!] + E$$

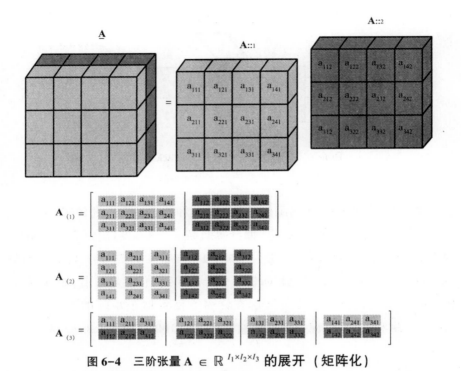

图6-4 三阶张量 $A \in \mathbb{R}^{I_1 \times I_2 \times I_3}$ 的展开（矩阵化）

注：张量可以通过三种方式展开，以获得包含其模式1、模式2和模式3向量的矩阵。

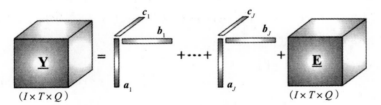

图6-5 三阶张量 $Y \in \mathbb{R}^{I \times T \times Q}$ 平行因子分解（CP）

注：其中 $E \in \mathbb{R}^{I \times T \times Q}$ 为噪声张量。

其中，"∘"表示向量外积。

二是 Tucker 分解见（Tucker et al. , 1966），如图6-6所示。

Tucker 分解数学表示如下：

$$Y = \sum_{j=1}^{J} \sum_{r=1}^{R} \sum_{p=1}^{P} g_{jrp}(a_j \circ b_r \circ c_p) + E$$

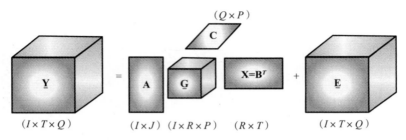

图 6-6 三阶张量 $Y \in \mathbb{R}^{I \times T \times Q}$ Tucker 分解

注：其中 G 为核心张量。其中 $E \in \mathbb{R}^{I \times T \times Q}$ 为噪声张量。

这两种张量分解形式起源于心理测量学和化学计量学的领域，现在被广泛应用于其他信息科学领域，如计算机视觉（Vasilescu et al.，2003）、网络数据挖掘（Abdallah et al.，2007；Franz et al.，2009）和信号处理（Sun et al.，2005）。张量分解面临三个主要挑战：任意异常值、缺失数据/部分观察和计算效率。张量分解在许多方面类似于矩阵的主成分分析（PCA）。事实上，Tucker 分解也被称为高阶 SVD/HoSVD（Lathauwer et al.，2000）。

利用张量的 Tucker 分解，Donald 等（2013）将 RPCA 方法推广到了张量分解中。设张量 D，A，$E \in \mathbb{R}^{I_1 \times \cdots \times I_N}$，且 D = A + E，张量 A 按模式 i 展开，记为 A_i，考虑张量 A 的 Tucker-秩（Trank（A）），则张量的低秩逼近模型如下：

$$\min_{A, E} \mathrm{Trank}(A) + \lambda \|E\|_0$$
$$\text{s. t. } D = A + E \tag{6-1}$$

同样，此问题是 NP-难问题，可以利用 CTrank（A）替换 Trank（A）$\|E\|_1$ 替换 $\|E\|_0$，则非凸优化问题（6-1）可以替换为凸优化问题。

$$\min_{A, E} \|A_i\|_* + \lambda \|E\|_1$$
$$\text{s. t. } D = A + E \tag{6-2}$$

我们称模型（6-2）为 Higher-order RPCA（HoRPCA）。

现在张量稀疏低秩分解的模型已给出，根据其在工程领域中的应用价值，在将来工作中可以研究 HoRPCA 的稳定性、误差分析、噪声系统的鲁棒性分析及相关算法设计等问题。

第八，非负张量分解（Nonnegative Tensor Decomposition，NTD）的模型与算法。很多实际应用与实验模拟表明，在大数据分析时代，非负矩阵分解要比主成分分析、独立分量分析等方法更加有用，因此将矩阵的非负分解推广到对多路数据阵列（张量）的分解上是很自然的事情。非负张量分解最早是化学计量学的研究人员以具有非负约束的 PARAFAC 的方式进行研究的（Bro R. & Sijmen D. J.，1997；Bro R. & Sidiropoulos N.，1998；Paattero P.，Taper U.，1997；Paattero P.，1997）。

一个全部元素为非负实数的张量称为非负张量。非负张量分解问题的提法是：给定一个 N 阶非负张量 $D \in \mathbb{R}^{I_1 \times \cdots \times I_N}$，将其分解为：

NTD1：$D \approx G \times_1 A^{(1)} \times_2 \cdots \times_N A^{(N)}$，其中 G，$A^{(1)} \geq 0$

或者

NTD2：$D \approx I \times_1 A^{(1)} \times_2 \cdots \times_N A^{(N)}$，$A^{(1)} \geq 0$，$\cdots$，$A^{(N)} \geq 0$

其中 $\times_i$，$i = 1, 2, \cdots, N$ 为张量的 $\times_i$-模式积。非负张量分解可以用目标函数的最小化表示为：

NTD1：$\min\limits_{G, A^{(1)}, \cdots, A^{(N)}} \dfrac{1}{2} \| D - G \times_1 A^{(1)} \times_2 \cdots \times_N A^{(N)} \|_F^2$

或者

NTD2：$\min\limits_{A^{(1)}, \cdots, A^{(N)}} \dfrac{1}{2} \| D - I \times_1 A^{(1)} \times_2 \cdots \times_N A^{(N)} \|_F^2$

非负张量分解的基本思想是：将非负张量分解问题改写为非负矩阵分解的基本形式 $X = AS$，$A \geq 0$，$S \geq 0$。非负张量分解有两类常用算法：Lee 和 Seung 的乘法更新算法和交替最小二乘更新算法。乘法更新算法的优点是实现简单，但收敛比较慢。此外，由于需要使用目标函数相对于各个因子矩阵的梯度矩阵，而非负张量分解的因子矩阵又比较多，所以各个梯度的计算比较麻烦。与乘法更新算法相比，交替最小二乘更新算法更适合非负张量分解的计算，因为只允许一个因子矩阵为优化问题的变元，而固定其他因子矩阵不变，最小二乘方法就可以交替进行，得到非负张量分解所需要的全部因子矩阵更容易实现。因此，交替最小二乘更新算法成为非负张量分解的主流算法。

但是最小二乘算法并非最先进的算法，它在时间成本和数据存储空间占比上都有一定的不足，后期可以考虑对交替最小二乘算法进行优化，通过加权处理、加速处理、半步算法处理、随机处理等方法来提高交替最小二乘算法的计算效率和计算复杂度。

参考文献

［1］ Tomasi C. , Kanade T. Shape and motion from image streams under orthography: A factorization method ［J］. International Journal of Computer Vision, 1992 （9）: 137-154.

［2］ Chen P. , Suter D. Recovering the missing components in a large noisy low-rank matrix: Application to SFM ［J］. IEEE Transacfions on Pattern Analysis & Machine Intelligence, 2004, 26 （8）: 1051-1063.

［3］ Wright J. , Ganesh A. , Rao S. , et al. Robust principal component analysis: Exact recovery of corrupted low-rank matrices via convex optimization ［C］. Twenty - Third Annual Conference on Neural Information Processing Systems （NIPS 2009）, 2009.

［4］ Deerwester S. , Dumains S. T. , Landauer T. , et al. Indexing by latent semantic analysis ［J］. Journal of Information Science, 1990, 41 （6）: 391-407.

［5］ Papadimitriou C. , Raghavan P. , Tamaki H. , Vempala S. Latent semantic indexing, a probabilistic analysis ［J］. Journal of Computer and System Sciences, 2000, 61 （2）: 217-235.

［6］ Argyriou A. , Evgeniou T. , Pontil M. Multi-task feature learning ［J］. Advances in Neural Information Processing Systems, 2007 （19）: 41-48.

［7］ Abernethy J. , Bach F. , Evgeniou T. , et al. Low-rank matrix factorization with attributes ［J］. Computer Science, 2006 （11）: 1-12.

［8］ Amit Y. , Fink M. , Srebro N. , et al. Uncovering shared structures in multiclass classification [C]. Proceedings of the 24th International Conference on Machine Learning, 2007.

[9] Mesbahi M., Papavassilopoulos G. P. On the rank minimization problem over a positive semidefinitelinear matrix inequality [J]. IEEE Transactions on Automatic Control, 1997 (42): 239-243.

[10] Natarajan B. K. Sparse approximate solutions to linear systems [J]. SIAM Journal on Computer, 1995, 24 (2): 227-234.

[11] Recht B., Fazel M., Parrilo P. A. Guaranteed minimum-rank solutions of linear matrix equations via nuclear norm minimization [J]. SIAM Review, 2010, 52 (3): 471-501.

[12] Candes E. J., Romberg J., Tao T. Robust uncertainty principles: Exact signal reconstruction from highly incomplete frequency information [J]. IEEE Transactions on Information Theory, 2006, 52 (2): 489-509.

[13] Candes E. J., Tao T. Decoding by linear programming [J]. IEEE Transactions on Information Theory, 2004, 51 (12): 4203-4215.

[14] Donoho D. L. Compressed sensing [J]. IEEE Transactions on Information Theory, 2006, 52 (4): 1289-1306.

[15] Donoho D. L., Starck P. B. Uncertainty principles and signal recovery [J]. SIAM Journal on APPlied Mathematics, 1989 (49): 906-931.

[16] Donoho D. L., Huo X. Uncertainty principles and ideal atomic decomposition [J]. IEEE Transactions on Information Theory, 2001, 47 (7): 2845-2862.

[17] Donoho D. L, Elad M. Optimally sparse representation in general (nonorthogonal) dictionaries via ℓ_1 minimization [J]. Proceedings of the National Academy of Science, 2003, 100 (5): 2197-2202.

[18] Elad M. Sparse and redundant representations: From theory to applications in signal and image processing [M]. New York: Springer, 2010.

[19] Bruckstein A. M., Donoho D. L., Elad M. From sparse solutions of

systems of equations to sparse modeling of signals and images [J]. SIAM Review, 2009, 51 (1): 34-81.

[20] Mallat S. A Wavelet tour of signal processing: The sparse way (3rd edition) [M]. Orlando: Academic Press, 2008.

[21] Starck J. L., Murtagh F., Fadili M. J. Sparse image and signal processing: Wavelets, curvelets, morphological diversity [M]. Cambridge: Cambridge University Press, 2010.

[22] Muthukrishnan S. Data streams: Algorithms and applications [M]. Boston: Now Publishers, 2005.

[23] Chen S. S., Donoho D. L., Saunders M. A. Atomic decomposition by basis pursuit [J]. SIAM Journal on Scientific Computing, 1998, 20 (1): 33-61.

[24] Baraniuk R. G., et al. Special section compressive sampling [J]. IEEE Signal Processing Magazine, 2008, 25 (2): 12-101.

[25] Eldar Y. C., Kutyniok G. Compressed sensing: Theory and applications [M]. Cambridge: Cambridge University Press, 2012.

[26] Haim Z. B., Eldar Y. C., Elad M. Coherence-based performance guarantees for estimating a sparse vector under random noise [J]. IEEE Transactions on Signal Processing, 2010, 58 (10): 5030-5043.

[27] Gribonval R., Nielsen M. Sparse representations in unions of bases [J]. IEEE Transactions on Information Theory, 2003, 49 (12): 3320-3325.

[28] Tropp J. A. Greed is good: Algorithmic results for sparse approximation [J]. IEEE Transactions on Information Theory, 2004, 50 (10): 2231-2242.

[29] Tropp J. A. Just relax: Convex programming methods for subset selection and sparse approximation: ICEC Report 04-04 [R]. Tex: University of Texas at Austin, 2004.

[30] Candes E. J., Tao T. The dantzig selector: Statistical estimation

when p is much larger than n [J]. The Annals Statistics, 2007, 35 (6): 2313-2351.

[31] Dai W. , Milenkovic O. Subspace pursuit for compressive sensing signal reconstruction [J]. IEEE Transactions on Information Theory, 2009, 55 (5): 2230-2249.

[32] Mallat S. , Zhang Z. Matching pursuits with time-frequency dictionaries [J]. IEEE Transaction on Signal Processing, 1993, 41 (12): 3397-3415.

[33] Aharon M. , Elad M. , Bruckstein A. M. K-SVD: An algorithm for designing of overcomplete dictionaries for sparse representation [J]. IEEE Transaction on Signal Processing, 2006, 54 (11): 4311-4322.

[34] Daubechies I. , Friese M. D. , Mol C. D. An iterative thresholding algorithm for linear inverse problems with a sparsity constraint [J]. Communications on Pure and Applied Mathematics, 2004, 57 (11): 1413-1457.

[35] Engan K. , Aase S. O. , Husoy J. H. Multi-frame compression: Theory and design [J]. Signal Processing, 2000, 80 (10): 2121-2140.

[36] Mairal J. , Bach F. , Ponce J. , et al. Online learning for matrix factorization and sparse coding [J]. Journal of Machine Learning Research, 2010, 11 (1): 19-60.

[37] Skretting K. , Engan K. Recursive least squares dictionary learning algorithm [J]. IEEE Transactions on Signal Processing, 2010, 58 (14): 2121-2130.

[38] Elad M. , Aharon M. Image denoising via sparse and redundant representations over learned dictionaries [J]. IEEE Transactions on Signal Processing, 2006, 15 (12): 3736-3745.

[39] Elad M. , Starck J. L. , Querre P. , et al. Simultaneous cartoon and texture image inpainting using morphological component analysis (MCA) [J]. Applied and Computational Harmonic Analysis, 2005, 19 (3): 340-358.

[40] Casanovas A. L. , Monaci G. , Vandergheynst P. , et al. Blind audio-visual source separation based on sparse representations [J]. IEEE Transactions on Multimedia, 2010, 12 (5): 358-371.

[41] Plumbley M. D. , Blumensath T. , Daudet L. , et al. Sparse representations in audio and music: From coding to source separation [J]. Proceedings of the IEEE, 2010, 98 (6): 995-1005.

[42] Rudin L. , Osher S. , Fatemi E. Nonlinear total variation based noise removal algorithms [J]. Physica D: Nonlinear Phenomena, 1992, 60 (1-4): 259-268.

[43] Starck J. L. , Candès E. J. , Donoho D. L. The curvelet transform for image denoising [J]. IEEE Transaction on Image Processing, 2002, 11 (11): 670-684.

[44] Farsiu S. , Robinson D. , Elad M. , et al. Advances and challenges in super-resolution [J]. The International Journal of Imaging Systems and Technology, 2004, 14 (12): 47-57.

[45] Kluckner S. , Pock T. , Bischof H. Exploiting redundancy for aerial image fusion using convex optimization [J]. Is titute of Computer Graphics and Vision, 2010 (LNCS 6376): 303-312.

[46] Starck J. L. , Murtagh F. , Candès J. , et al. Gray and color image contrast enhancement by the curvelet transform [J]. IEEE Transaction on Image Processing, 2003, 12 (6): 706-717.

[47] Starck J. L. , Elad M. , Donoho D. L. Redundant multiscale transforms and their application for morphological component analysis [J]. Advances in Imaging and Electron Physics, 2004, 132 (4): 287-348.

[48] Elad M. , Milanfar P. , Rubinstein R. Analysis versus synthesis in signal priors [J]. Inverse Problems, 2007, 23 (3): 947-968.

[49] Cai J. F. , Osher S. , Shen Z. W. Split bregman methods and frame based image restoration [J]. Multiscale Modeling and Simulation: A SIAM In-

terdisciplinary Journal, 2009, 8 (2): 337-369.

[50] Nam S., Davies M. E., Elad M., et al. The cosparse analysis model and algorithms [J]. Applied and Computational Harmonic Analysis, 2013, 34 (1): 30-56.

[51] Nam S., Davies M. E., Elad M., et al. Cosparse analysis modeling-uniqueness and algorithms [C]. Prague: IEEE International Conference on Acoustics, Speech and Signal Processing, ICASSP 2011, 2011.

[52] Lu Y. M., Do M. N. Sampling signals from a union of subspaces [J]. IEEE Signal Processing Magazine, 2008, 25 (2): 41-47.

[53] Blumensath T., Davies M. E. Sampling theorems for signals from the union of finite-dimensional linear subspaces [J]. IEEE Transactions on Information Theory, 2009, 55 (4): 1872-1882.

[54] Linter S., Malgouyres F. Solving a variational image restoration model which involves ℓ_∞ constraints [J]. Inverse Problems, 2004, 20 (3): 815-831.

[55] Osher S., Burger M., Goldfarb D., et al. An iterative regularization method for total variation- based image restoration [J]. Mulhscale Modeling and Simulation: A SIAM Interdisciplinary Journal, 2005, 4 (2): 460-489.

[56] Bennett J., Lanning S. The netfix prize [J]. KDD Cup and Workshop, 2007: 3-6.

[57] Keshavan R. H., Montanari A., Oh S. Matrix completion from a few entries [J]. IEEE Transactions on Information Theory, 2010, 56 (2): 2980-2998.

[58] Candes E. J., Tao T. The power of convex relaxation: Near-optimal matix completion [J]. IEEE Transactions on Information Theory, 2010, 56 (5): 2053-2080.

[59] Recht B. A simpler approach to matrix completion [J]. Journal of Machire Learning Research, 2011, 12 (4): 3413-3430.

[60] Chen Y. D., Xu H., Caramanis C., et al. Robust matrix completion

with corrupted columns [J]. IEEE Transactions on Infomation Theory, 2011, 62 (1): 503-526.

[61] Negahban S., Wainwright M. J. Restricted strong convexity and weighted matrix completion: Optimal bounds with noise [J]. Journal of Machine Learning Research, 2012, 13 (1): 1665-1697.

[62] Candes E. J., Recht B. Exact matrix completion via convex optimization [J]. Found Comput Math, 2009, 9 (6): 717-772.

[63] Chamlawi R., Khan A. Digital image authentication and recovery: Employing integer transform based information embedding and extraction [J]. Information Sciences, 2010, 180 (24): 4909-4928.

[64] Micchelli C. A., Shen L. X., Xu Y. S. Proximity algorithms for image models: Denoising [J]. Inverse Problems, 2011, 27 (4): 30.

[65] Combettes P. L., Wajs V. R. Theoretical analysis of some regularized image denoising methods [C]. Sinapore: Proceedings of International Conference on Image Processing, 2004.

[66] Micchelli C. A., Shen L. X., Xu Y. S. Proximity algorithms for image models II: L_1/TV denoising [J]. Inverse Problems, 2011.

[67] Eckart C., Young G. The approximation of one matrix by another of lower rank [J]. Psychometrtka, 1936, 1 (3): 211-218.

[68] Hotelling H. Analysis of a complex of statistical variables into principal components [J]. Journal of Educational Psychology, 1932, 24 (6): 417-520.

[69] Jolliffe I. Principal component analysis [M]. Berlin: Spring-Verlag, 1986.

[70] Golub G. H., Van Loan C. F. Matrix computations [M]. Baltimore: Johns Hopkins University Press, 2013.

[71] Foygel R., Srebro N. Concentration-based guarantees for low-rank matrix reconstruction [C]. Budapest: The 24th Annual Conference on Learning Theory, 2011.

[72] Lewis A. S. The mathematics of eigenvalue optimization [J]. Mathematical Programming, 2003, 97 (1-2): 155-176.

[73] Von N. J. Some matrix inequalities and metrization of matric-space [J]. Tomsk University Review, 1937, 1 (11): 286-300.

[74] Berry M. W., Drmac Z., Jessup E. R. Matrices, vector spaces, and information retrieval [J]. SIAM Review, 1999, 41 (2): 335-362.

[75] Candes E. J., Li X. D., Ma Y., et al. Robust principal component analysis? [J]. Journal of the ACM, 2011, 58 (3): 1-37.

[76] Zhou Z., Li X., Wright J., et al. Stable principal component pursuit [C]. Coordinated Science Laboratory, Universyty of Illinois at Urbana-Champaign, 2010.

[77] Wright J., Ganesh A., Min K., et al. Compressive principal component pursuit [C]. Cambridge: 2012 IEEE International Symposium on Information Theory, 2012.

[78] Chandrasekaran V., Sanghavi S., Parrilo P. A., et al. Rank-sparsity incoherence for matrix decomposition [J]. SIAM Journal on Control and Optimization, 2011, 21 (2): 572-596.

[79] Valiant L. G. Graph-theoretic arguments in low-level complexity [C]. New York: Proceedings of the 6th Symposium on Mathematical Foundations of Computer Science, 1977.

[80] Yuan X., Yang J. Sparse and low-rank matrix decomposition via alternating direction methods [J]. Pacific Journal of Optimization, 2013, 9 (1): 167-180.

[81] Lin Z., Chen M., Ma Y. The Augmented Lagrange Multiplier Method for Exact Recovery of Corrupted Low-Rank Matrices [EB/OL]. Cornell Universihy, https://arxiv.org/abs/1009.5055, 2013-11-18.

[82] Cai J. F., Candes E. J., Shen Z. A singular value thresholding algorithm for matrxi completion [J]. SIAM Journal on Control and Optimization,

2010, 20 (4): 1956-1982.

[83] Lauritzen S. L. Graphical models [M]. London: Oxford University Press, 1996.

[84] Baillievl J. , Willems J. S. Mathematical Control Theory [M]. New York: Springer-Verlag, 1999.

[85] Azel M. F. , Indi H. H. , Oyd S. Log-det heuristic for matrix rank minimization with applications to Hankel and Euclidean distance matrices [EB/OL]. http//facutty. washington. edu/mfa2el/acc_ final. pdf, 2020-10-22.

[86] Basri R. , Jacobs D. Lambertian reflectance and linear subspace [J]. IEEE Transactions on Pattem Analysis and Machine Intelligence, 2003, 25 (2): 218-233.

[87] Combettes P. L. , Wajs V. R. Signal recovery by proximal forward-backward splitting [J]. Mulfiscale Modeling and Simulatio, 2005, 4 (4): 1168-1200.

[88] Koltchinskii V. The Dantzig selector and sparsity oracle inequalities [J]. Bernoulli, 2009, 15 (3): 799-828.

[89] Bickel P. J. , Ritov Y. , Tsybakov A. B. Simultaneous analysis of lasso and dantzig selector [J]. Annals of Statistics , 2009, 37 (4): 1705-1732.

[90] James G. M. , Radchenko P. , Lv J. C. DASSO: Connections between the Dantzig selector and lasso [J]. Journal of the Royal Statistical Society, 2009, 71 (1): 127-142.

[91] Tibshirani R. Regression shrinkage and selection via tha lasso [J]. Jounral of the Royal Statistical Society, 1996, 58 (1): 267-288.

[92] Zhao P. , Yu B. On model selection consistency of lasso [J]. The Journal of Machine Leavning Research, 2006, 7 (11): 2541-2563.

[93] Ma S. , Goldfarb D. , Chen L. Fixed point and bregman iterative methods for matrix rank minimization [J]. Mathematical Programming Series A, 2011, 128 (1-2): 321-353.

［94］Cai J. F. , Osher S. Fast singular value thresholding without singular value decomposition ［EB/OL］. Semantic Scholar, https：//www. Semanticscholar. Org/paper/Fast−Singular−Value−Thresholding−without−Singular−Cai−Osher/b9604357b7313594515c179173034a97fafe1f7c, 2010.

［95］Toh K. C. , Yun S. An accelerated proximal gradient algorithm for nuclear norm regularized linear least squares problems ［J］. Pacitic Journal of Optimization, 2010, 6（3）: 615−640.

［96］Liu Z. , Li J. , Li W. , et al. A modified greedy analysis pursuit algorithm for the cosparse analysis model ［J］. Numerical Algorithms, 2017（74）: 867−887.

［97］Bertsekas D. Constrained optimization and lagrange multiplier method ［M］. Salt Lake City: Academic Press, 1982.

［98］Liu Z. , Li J. , Li G. , et al. A new model for sparse and low−rank matrix decomposition ［J］. Journal of Applied Analysis and Computation, 2017（2）: 600−617.

［99］Candes E. J. , Tao T. Near optimal signal recovery from random projections: Universal encoding strategies? ［EB/OL］. Cornell University, https：// arxiv. org/abs/math/0410542, 2006−04−04.

［100］Giryes R. , Nam S. , Elad M. , et al. Greedy−like algorithms for the cosparse analysis model ［J］. Linear Algebra and its Applications, 2014, 441（1）: 22−60.

［101］Mallat S. , Zhang Z. Matching pursuits with time−frequency dictionaries ［J］. IEEE Transactions on Signal Processing, 1993, 41（12）: 3397−3415.

［102］Lu Y. M. , Do M. N. A theory for sampling signals from a union of subspaces ［J］. IEEE Transactions on Signal Processing, 2008, 56（6）: 2334−2345.

［103］Candes E. J. , Eldar Y. C. , Needell D. , et al. Compressed sensing with coherent and redundant dictionaries [J]. Applied and Computa-tional Harmonic Analysic, 2011, 31 (1): 59-73.

[104] Foucart S., Lai M. Sparsest solutions of underdetermined linear systems via ℓ_q-minimization for $0<q\leqslant 1$ [J]. Applied and Computational Harmonic Analysis, 2009, 26 (3): 395-407.

[105] Chartrand R., Staneva V. Restricted isometry properties and non-convex compressive sensing [J]. Inverse Problems, 2008, 24 (3): 657-682.

[106] Saab R., Chartrand R., Yilmaz O. Stable sparse approximations via nonconvex optimization [C]. Las Vegas: IEEE International Conference on Acoustics, Speech and Signal Processing, 2008.

[107] Chartrand R. Exact reconstruction of sparse signals via nonconvex minimization [J]. IEEE Signal Processing Letters, 2007, 14 (10): 707-710.

[108] Xu Z., Zhang H., Wang Y., et al. L 1/2 regularization [J]. Science China Information Sciences, 2010, 53 (6): 1159-1169.

[109] Xu Z., Guo H., Wang Y., et al. The representative of L 1/2 regularization among $\ell_q(0<q\leqslant 1)$ regularizations: An experimental study based on phase diagram [J]. Acta Automatica Sinica Contents, 2012, 38 (7): 1225-1228.

[110] Li J., Liu Z., Li W. The reweighed greedy analysis pursuit algorithm for the cosparse analysis model [EB/OL]. Springer Link, https://Link. spriger. com/article/10. 1007/s11075-016-0174-2, 2016-08-02.

[111] Starck J. L., Murtagh F., Fadili M. J. Sparse image and signal processing - wavelets, curvelets, morphological diversity [M]. Cambridge: Cambridge University Press, 2010.

[112] Raguet H., Fadili J., Peyré G. Generalized forward-backward splitting [J]. SIAM Journal on Imaging Sciences, 2012, 6 (3): 1199-1226.

[113] Gorodnitsky I. F., Rao B. D. Sparse signal reconstruction from limited data using FOCUSS: A re-weighted norm minimization algorithm [J].

IEEE Transactions on Signal Processing, 1997, 45 (3): 600-616.

[114] Vaiter S., Peyre G., Dossal C., et al. Robust sparse analysis regularization [J]. IEEE Transactions on Information Theory, 2012, 59 (4): 2001-2016.

[115] Peleg T., Elad M. Performance guarantees of the thresholding algorithm for the cosparse analysis model [J]. IEEE Transactions on Information Theory, 2012, 59 (3): 1832-1845.

[116] Grant M., Boyd S., Ye Y. CVX: Matlab software for disciplined convex programming [EB/OL]. CVX Research, http://CVXr.com/cox/, 2017-03-01.

[117] Stewart G. W., Sun J. G. Matrix perturbation theory [M]. New York: Academic Press, 1990.

[118] Wedin Per-Åke. Perturbation theory for pseudo-inverses [J]. BIT Numerical Mathematics, 1973, 13 (13): 217-232.

[119] Fierro R. D., Bunch J. R. Orthogonal projection and total least squares [J]. Numerical Linear Algebra with Applications, 1995, 2 (2): 135-153.

[120] Ko K., Sakkalis T. Orthogonal projection of points in CAD/CAM applications: An overview [J]. Journal of Computational Design and Engineering, 2014, 1 (12): 116-127.

[121] Jia Z. X. Composite orthogonal projection methods for large matrix eigenproblems [J]. Science in China Sevies A-Mathematics, 1999, 42 (16): 577-585.

[122] Sun J. G. Matrix perturbation analysis (second edition) [M]. Beijing: Science Press, 2001.

[123] Sun J. G. The stability of orthogonal projections [J]. Journal of the Graduate School, 1984 (1): 123-133.

[124] Chen Y. M., Chen X. S., Li W. On perturbation bounds for orthogonal projections [J]. Numerical Algorithms, 2016, 73 (2): 433-444.

［125］ Fazel M. , Hindi H. , Boyd S. A rank minimization heuristic with application to minimum order system approximation ［C］. Evanston: American Control Conference, 2001.

［126］ Linial N. , London E. , Rabinovich Y. The geometry of graphs and some of itsalgorithmic applications ［J］. Combinatorica, 1995, 15 (2): 215-214.

［127］ Tomasi C. , Kanade T. Shape and motion from image streams under orthography: A factorization method ［J］. International Journal of Computer Vision, 1992, 9 (2): 137-154.

［128］ Chen P. , Suter D. Recovering the missing components in a large noisy low-rank matrix: Application to SFM ［J］. IEEE Transactions on Pattern Analysis and Machine Intelligence, 2004, 26 (8): 1051-1063.

［129］ Zhang H. , Lin Z. , Zhang C. , et al. Robust latent low rank representation for subspace clustering ［J］. Neurocomputing, 2014, 145(18): 369-373.

［130］ Boyd S. , Vandenberghe L. Convex optimization ［M］. Cambridge: Cambridge University Press, 2003.

［131］ Fazel M. , Candès E. J. , Recht B. Compressed sensing and robust recovery of low rank matrices ［C］. California: IEEE 2008 42nd Asilomar Conference on Signals, Systems and Computers, 2008.

［132］ Candes E. J. , Romberg J. , Tao T. Stable signal recovery from incomplete and inaccurate measurements ［J］. Communications on Pure and APP Lied Mathematics, 2006, 59 (8): 1207-1223.

［133］ Tao M. , Yuan X. Recovering low-rank and sparse components of matrices from incomplete and noisy observations ［J］. SIAM Journal on Optimization, 2011, 20 (1): 57-81.

［134］ Chan C. , Chan R. H. , Ma S. , et al. Inertial proximal ADMM for linearly constrained separable convex optimization ［J］. SIAM Journal on Imaging Sciences, 2015, 8 (4): 2239-2267.

［135］ He B. S. , Liao L. Z. , Han D. , et al. A new inexact alternating directions method for monontone variational inequalities [J]. Math Program, 2002, 92 (1): 103-118.

[136] He B. S., Yang H. Some convergence properties of a method of multipliers for linearly constrained monotone variational inequalities [J]. Operations Research Letters, 1998, 23 (3): 151-161.

[137] Candes E. J., Plan Y. Matrix completion with noise [J]. Proceedings of IEEE, 2009, 98 (6): 925-936.

[138] Vandenberghe L., Boyd S. Semidefinite programming [J]. SIAM Review, 1996, 38 (1): 49-95.

[139] Watson G. A. Characterization of the subdiff erential of some matrix norms [J]. Linear Algebra and Its Applications, 1992, 170 (6): 33-45.

[140] Glowinski R. Numerical methods for nonlinear variational problems [M]. Berlin: Springer-Verlag, 1984.

[141] Glowinski R., Tallec P. L. Augmented lagrangian and operator-splitting methods in nonlinear mechanics [M]. Philadelphia: SIAM Stadies in Applied Matliematics, 1989.

[142] Chen G., Teboulle M. A proximal-based decomposition method for convex minimization problems [J]. Math Program, 1994, 64 (1): 81-101.

[143] Esser E. Applications of Lagrangian-based alternating direction methods and connections to split bregman [J]. CAM Report, 2009 (3): 1-32.

[144] Larsen R. M. PROPACK-Software for large and sparse SVD calculations [EB/OL]. Stanford University, http://sun. stanford. edu/~rmunk/PROPACK/, 2012-10-11.

[145] Carroll J. D., Chang J. J. Analysis of individual differences in multidimensional scaling via an n-way generalization of Eckart-Young decomposition [J]. Psychometrika, 1970, 35 (3): 283-319.

[146] Donoho D. L. Neighborly polytopes and the sparse solution of underdetermined systems of linear equations [EB/OL]. Cite Seer, http://citese-

erx. ist. psu. edu/viewdoc/summary? doi=10. 1. 1. 1. 91. 3660.

[147] Donoho D. L. High-dimensional centrally symmetric polytopes with neighborliness proportional to dimension [J]. Discrete & Computational Geometry, 2006, 35 (4): 617-652.

[148] Zou H. The adaptive lasso and its oracle properties [J]. Journal of the American Statistical Association, 2006, 101 (476): 1418-1429.

[149] Meinshausen N., Yu B. Lasso-type recovery of sparse representations for high-dimensional data [J]. Annals of Statistics, 2009, 37 (1): 246-270.

[150] Harshman R. A. Foundations of the parafac procedure: Models and conditions for an "explanatory" multimodal factor analysis [J]. UCLA Working Papers in Phonetics, 1970, 16 (1): 1-84.

[151] Tucker L. R. Some mathematical notes on three-mode factor analysis [J]. Psychometrika, 1966, 31 (3): 279-311.

[152] Vasilescu M. O., Terzopoulos D. Multilinear subspace analysis of image ensembles [C]. Wisconsin: 2003 IEEE Computer Society Conference on Computer Vision and Pattern Recognition, 2003.

[153] Franz T., Schultz A., Sizov S., et al. Triplerank: Ranking semantic web data by tensor decomposition [C]. Vriginia: The 8th International Semantic Web Conference, 2009.

[154] Abdallah E., Hamza A., Bhattacharya P. MPEG video watermarking using tensor singular value decomposition [C]. Berlin: Springer-Verlag, 2007.

[155] Sun J. T., Zeng H. J., Liu H., et al. CubeSVD: A novel approach to personalized web search [C]. New York: The 14th International Conference on World Wide Web, 2005.

[156] Lathauwer L. D., Moor B. D., Vandewalle J. A multilinear singular value decomposition [J]. SIAM Journal on Matrix Analysis and Applications, 2000, 21 (4): 1253-1278.

［157］Donald G. , Zhiwei Q. Robust low-rank tensor recovery: Models and algorithms ［J］. SIAM Journal on Matrix Analysis and Applications, 2013, 35 (1): 225-253.

［158］Pan S. H. , Wen Z. W. Models and algorithms for low-rank and sparse matrix optimization problems ［J］. Operations Research Transactions, 2020, 24 (3): 1-26.

［159］张贤达. 矩阵分析与应用（第2版）［M］. 北京：清华大学出版社，2013.

［160］Andrzej C. , Rafal Z. , Anh H. P. , Shun-ichi A. Nonnegative matrix and tensor factiorizations, applications to exploratory multi-way data analysis and blind source separation ［M］. New Jersey: Wiley, 2009.

［161］Bro R. , Sijmen D. J. A fast non-negativity-constrained least squares algorithm ［J］. Journal of Chemometrics, 1997 (11): 393-401.

［162］Bro R. , Sidiropoulos N. Least squares algorithms under unimo-dality and non-negativity constraints ［J］. Journal of Chemometrics, 1998, 12 (4): 223-247.

［163］Paattero P. , Taper U. Least squares formulation of robust non-negative factor analysis ［J］. Chemometrics Intelligewt Laboratory Systems, 1997 (37): 23-35.

［164］Paattero P. A weighted non-negative least squares algorithm for threeway PARAFAC factor analysis ［J］. Chemometrics Intelligent Laboratory Systems, 1997, 38 (2): 223-242.